U0004370

鼻要醬子！

神經貓與吃貨鼠的奴才服侍日記

粉妹——著

晨星出版

芝麻醬初次見面！

第一天醬醬剛到新環境很不習慣，
一直四處尋找著芝麻姊的蹤影，
三不五時跑到粉妹面前死命盯看，
🐾🐾眼神就好像在說：↓↓↓
「妳這個綁架犯，快送我回家!!」

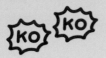

（瞬間倒下）

不想動，來小睡一下好了

喵

喵呼呼呼

完成事項：0

走到哪睡到哪。

過了幾天，醬醬慢慢熟悉新家，每天起床不再是緊張的找人，反而一副老大臉的模樣走到沙發上，來個舒服的回籠覺（咦..不是剛睡醒?!）

醬：「觀察後發現..原來妳是負責伺候我的貓奴!」

「那我就放心了。呼一」ᵕᴗᵕ

一到這時間…

睏意湧上

呼嚕

又
睡相超差

喵 喵
呼

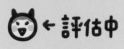

整個家都是我的，包括妳！

醬醬內心的排名→→→

肚子餓了，粉妹馬上補飼料

心情不好，粉妹馬上開罐罐

貓砂噴滿地，粉妹馬上掃乾淨

醬:「又寵我又愛我...我一定是最大的！來人，開罐!」

1	罐罐
2	紙箱
3	粉妹
4	阿強

做壞事SOP教學，喵！

① 貓奴位置 能親眼看見的地方是首選

② 選擇目標 把物品推落（易碎品佳！）

③ 低頭道歉 裝得越可憐效果越好

④ 重覆以上項目 ↑ ↑ ↑ ↑ ↑ ↑

28

貓界沉睡小五郎

愛睡覺的醬醬,一天有80%都是睡眠時間,
早晨起床伸個懶腰就接著睡第二波,中午
起來吃午餐曬日光浴入眠,晚上跟著粉妹
關燈睡搞搞,真的是無所不睡。
粉妹看到醬醬像昏倒的睡姿,
都會忍不住戳兩下

粉:「你還活著吧?ㄊ」

31

邊吃邊睡
↙

（開心）

鮭魚的味道

真的有
鮭魚？

沙發惹到醬

醬醬來了之後,家中出現最大變化的
就是沙發,發現的時後已經傷痕累累
(趁著粉妹不在狂抓?!)放了大型貓抓板
和貓抓板跳台來轉移注意力,結果
沙發傷痕有增無減,從抓的聲音就
聽出醬醬很努力想讓它解體⋯
索性直接放棄這項家具(淚)

粉:「再抓就要變流蘇沙發了Q_Q」

醬:「我很棒對不對(用力抓賣力抓)」

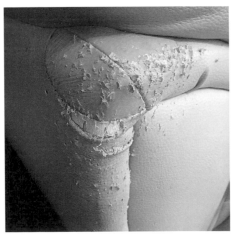
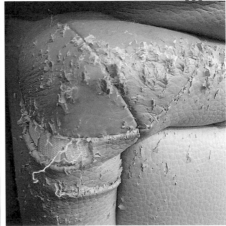

貓抓痕

那個袋子怎麼會破

是你抓的?

它...先動手的喵——

用沙發把指甲
磨的超·完·美。

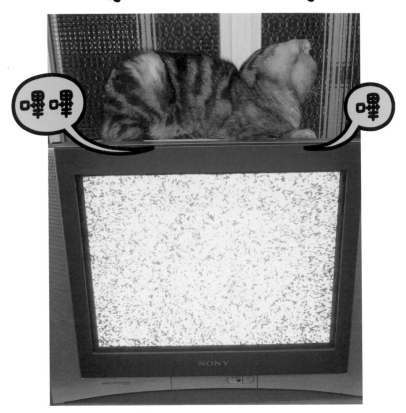

注意!!謝謝你的注意。

醬醬是非常愛黏人的貓，只要粉妹視線
不在他身上就會心理不平衡，常常電視一
打開馬上一屁股坐下來，擋在正中間跟
粉妹大眼瞪小眼，有時會壓住按鈕，
讓畫面變成雪花片。(謎之音：借過!!)

出門記得要報備 📢

粉妹在出門前都會先把乾乾加好，
並且跟醬醬說一聲「我出門囉，等下就回來!」
醬醬就會一臉「知道了，准奏，去吧去吧。」
如果比預計的晚回家，醬醬會露出殺氣
的眼神「太慢了!!去那麼久哪是一下 ✕✕✕」
(忽然覺得比情侶報備的標準嚴苛。)

沾到好多
外面陌生
的味道

有次粉妹急急忙忙出門志3說，回家開大門
就看到..原本應該在熟睡的醬醬已經起床3
發現有人回來，馬上尾巴翹高高用小跑步衝來

醬：「跑哪去3，怎麼沒有
　　跟我說！(氣噗噗)」

粉妹鞋子一脫掉立刻壓住
　　→嚴•禁•出•門←

小姐妳哪位？

睡醒看到粉妹的模樣嚇三跳

鼻子瘋狂抽動，努力搜索氣味，

盯著粉妹的一舉一動，直到確定

是本人無誤才能放鬆戒心。

醬：「觀察下來，貓奴每個禮拜都會變身!!」

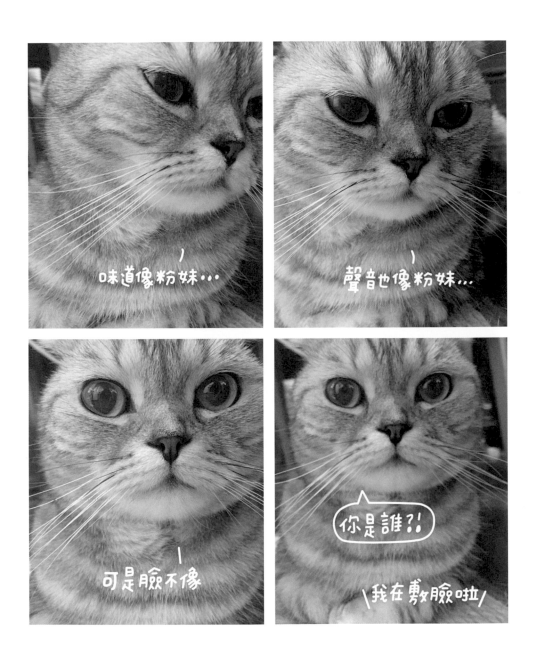

（等待10分鐘）

64

液態謎之生物

← 特徵：一旦發現狹小空間，
馬上使勁擠擠塞進去。
塞成功還附帶跟貓奴炫耀功能

軟Q醬：「如何？我超級苗條的♡」

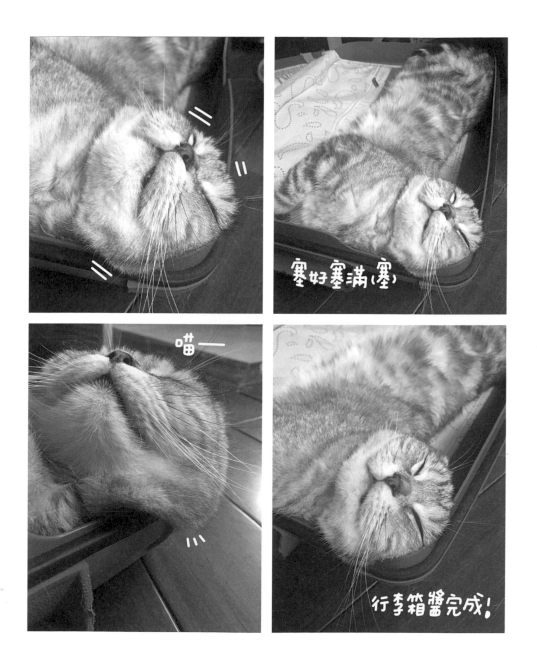

行李箱醬

 哥吉拉來襲!!

雖然醬醬平時很乖(?)但是跳上公仔玻璃櫃
那一刻…所有經過的地方都像哥吉拉掃過
一樣慘烈,東倒西歪的公仔散落滿地。
以前粉妹看到會訓話「下次再這樣打屁股!」
現在知道身為專業的貓奴,什麼東西都要看開,
自己默默把公仔擺回原位(淡定技點滿)
順便做好依然會被推下來的心理準備。

別..別過來

（不想起來的阿恐）

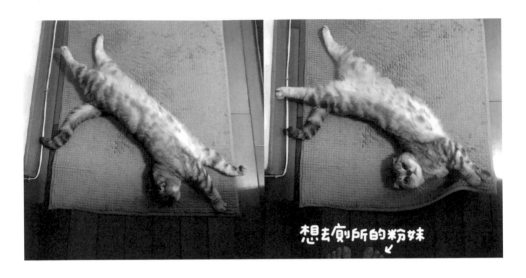

想去廁所的粉妹
←

別踩到站崗貓

深夜貓奴入睡後，就是醬醬起床站崗的
時間，地點固定在廁所門外的藍地毯，
這裡是粉妹凌晨出房門唯一會去的地方。
可是…粉妹在半睡半醒的狀態下，常常會
忘記門外有貓在駐守，已經被攻擊多次
的醬醬只要注意到貓奴半夜起床，閉著
眼睛緩慢移動，會立刻發出超大聲的
「喵嗚」提醒→人類注意我在這裡!!!←

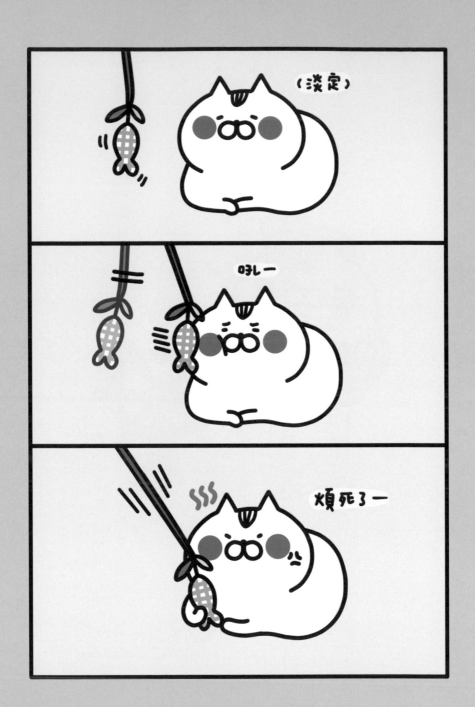

醬醬放感情表現出來的鄙視屁臉。

(買了更多逗貓棒)

良藥苦口🚫

醬醬因為是摺耳貓,每半年要固定帶去給獸醫做全身健康檢查,基本的保健食品.軟骨素.維他命都持續增加中。但是醬醬不愛吃藥,粉妹只好偷偷加在飼料堆裡面魚目混珠,聰明的醬醬發現後時常飼料吃光..唯一的藥卻留下來(Q_Q)直到姊姊購買到一款聞起來像零食的軟骨素,才讓醬醬願意乖乖吃藥(呼~)

吃飽惹

藥👉

(藥很苦的表情)

平時也需要注意醬醬不能從太高的地方跳下來，所以粉妹一家把所有醬醬會去的地方通通排成樓梯形狀，衛生紙也是一次買十幾包讓醬醬不用跳上跳下，能優雅的走下來避免受傷。

超愛站到最高點 →

你好，我叫阿鼻！

粉妹一家是超級鼠控，在醬醬住進來之前，就已經有天竺鼠→小寶的陪伴，所以醬醬從小接觸變得+分喜愛鼠鼠們，但是小寶年事已高，八歲多的時後悄悄離開3醬醬。有一陣子醬醬陷入低潮，每天默默坐在小寶位置上安靜的發呆… ❋ ❋ ❋ ❋ ❋ ❋

過3一年多，認養板上偶然發現阿鼻的送養文，讓粉妹・粉姊・粉媽・粉爸全部震驚！(眼神和動作完全跟小寶一模一樣)

討論很久後下重大決定，

認養阿鼻!!!!!!!!!

(回家中)

粉爸開車載著全家人一路從台北開往彰化順利把阿鼻接回家！

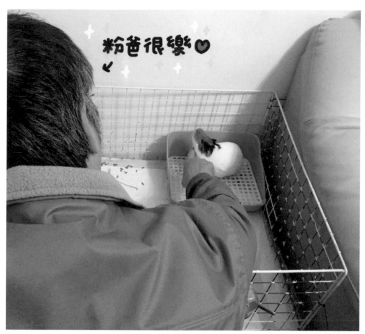

等熟悉新家，慢慢把阿鼻移動到沙發上休息，
醬醬眼睛發亮立刻跟著跳上去，好奇的不停
兩眼對看，瞧見這個情況的粉妹在一旁屏息
看著阿鼻能不能接受醬醬這隻大巨貓，結果…
互相隔空聞了幾下，阿鼻竟然主動衝向前大膽
鼻碰鼻(還偷親一口！)醬醬不甘示弱也親回去!!
看他們親來親去大力的放閃，讓我們大大鬆
了一口氣。✦✧ 恭喜阿鼻入住粉妹家!!! ✧✦

黏人撒嬌王 x 2

醬醬平時很愛撒嬌,但是阿鼻來3後比他更
愛撒嬌+倍,一天就要呼嚕嚕無數次!
白天阿鼻會出來到處逛街,看見粉妹經過
小短腿便加速跑跳過來討摸摸

阿鼻:「最喜歡下巴搔癢3」(跟貓一樣)

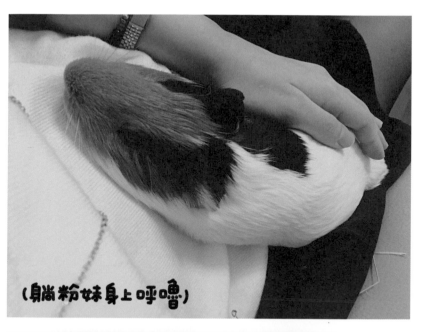

(躺粉妹身上呼嚕)

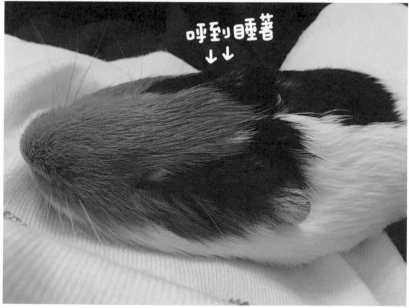

呼到睡著
↓↓

（晚上撒嬌）

（白天撒嬌）

醬醬很乖，在一旁不爭寵（把時間讓給阿鼻）。

早上摸摸時間被阿鼻用掉,晚上就換成
醬醬跑到房間坐在被子上盯著看(排班?!)
醬:「換我撒嬌了!」主動鑽進被子裡用
肉球大力推推到粉妹睡著為止,隔天起床
衣服都會黏滿前晚的貓毛碎渣(好幸福)

貓毛小帽帽

每到春秋換季,醬醬也跟著大換毛(貓毛滿天飛)
趁這時候粉妹會幫醬醬加強梳毛,一方面避免
醬醬吃太多毛嘔吐,另方面是滿足粉妹的收集癖
平時慢慢累積,多餘的貓毛就收進行李箱(?)
或是揉成球球當擺飾,有的則用夾鏈袋收藏
梳下來的毛全部都是粉妹的寶貝!!(金變態)

派對帽

貓球球

夾鏈袋

↑
還要把空氣
擠乾淨

夏日炎炎正好眠

天氣漸漸轉熱，台北最高溫創下38度，
人‧貓‧鼠都快融化在熱呼呼的溫度裡。
沒開冷氣醬醬會把全身的肉鋪在磁磚上，
但磁磚白天曬久會超燙，芝麻姊特地訂
購大理石板，放在陰涼處跟阿鼻欄杆裡
讓他們可以隨時隨地散熱《超級寵

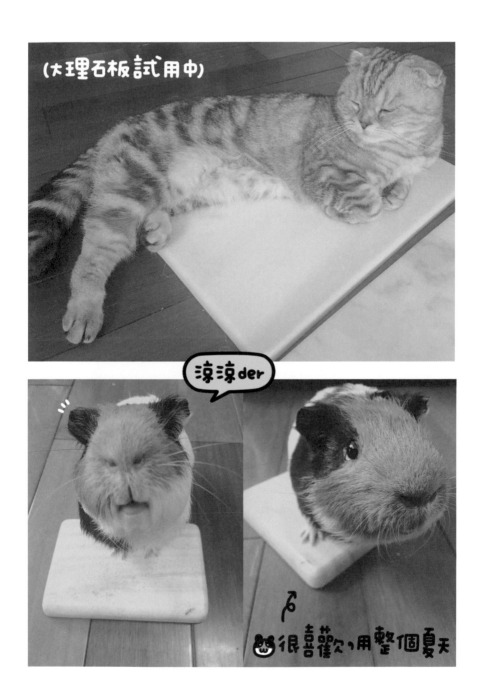

滅蟲勇者的報恩

粉妹家位於夜市上方,深夜蟑螂都成群結隊逛夜市找食物,有些逛一逛會從陽台入侵!以前粉妹看到就會拿起拖鞋直接火拼,現在蟑螂出現醬醬衝第一把他揍扁扁,貓掌瘋狂重擊,所有的小生物都進得來出不去～🐛～🐛～🐛
目前粉妹家已經好久沒看到活著的蟑螂了♡

打完三步驟

① 收禮物

② 擦肉球

③ 開罐罐

竟敢嚇粉妹(怒

(揍)
(揍)

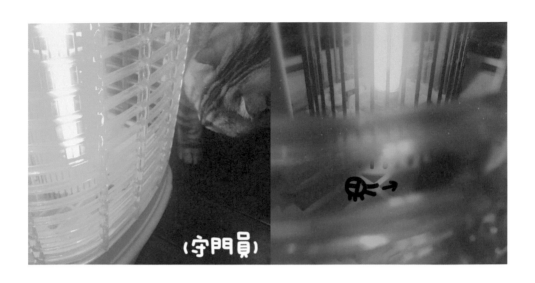

（守門員）

蚊→

某日補蚊燈發出「啪啪啪啪啪啪 ─」
40連擊的聲音持續響了兩分鐘，粉妹忍不住
跳起床看究竟有多少蚊子集體被電死⋯
走到客廳發現是醬醬把蟑螂一路趕去撞
補蚊燈，打蟑螂不髒自己的肉球(神貓!)
醬:「報告，陽台、客廳一切正常，貓奴請開罐!!」

胖嘟嘟大食怪

無論已經把醬醬餵得多飽，他還是
會在旁邊虎視眈眈盯著天竺鼠食物
醬：「阿鼻在吃好料，我也要吃！這邊來
一份一模一樣的！」吃下第一口的表情超
猙獰，似乎在說：這種東西吃得下去？
可憐的孩子（小憐小悶的眼神看向阿鼻）

◎◎ 小感冒，大緊張 ◎◎

粉爸走
無敵快！

天冷觀察到阿鼻胸口微微起伏喘氣，
全家雷達大響，馬上出門帶去給獸醫查看！
檢查結果被告知原來是天氣變化大造成
呼吸道感染，好險吃幾天藥病情便好轉。
等藥全部吃光後，再次去醫院複診照X光，
獸醫看完X光片把粉妹一家叫進去緩緩
說道：「阿鼻肺部很乾淨沒有積水……
但是在胸腔裡面發現了其他的跡象。」

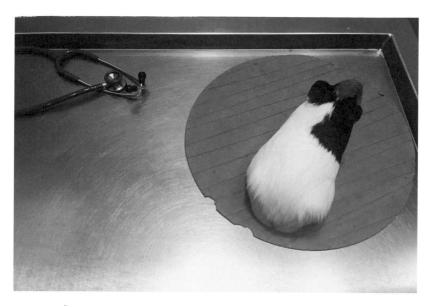

阿鼻的胸內腔竟然有先天性基因腫瘤，
如果繼續變大會壓迫到血管+分危險…
經過深思考慮粉妹一家選擇「不開刀」。
動刀拿掉腫塊等於開胸手術，對天竺鼠
小小的身體來說負擔過重，我們決定用
獸醫建議的飲食調整和藥物治療日
風險較小讓阿鼻能不造成過度傷害下
繼續開心的生活。

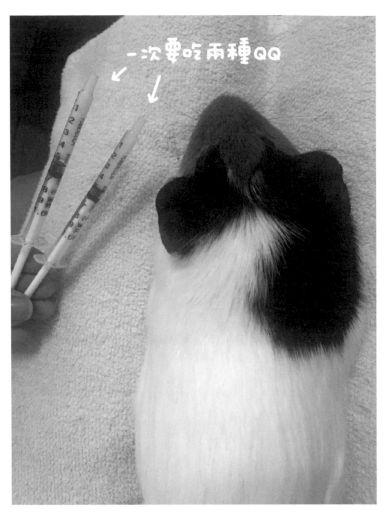

一次要吃兩種QQ

✦ 這次小感冒無心的檢查下能發現 ✦
✦ 真的很萬幸,希望阿鼻能平安長大。✦

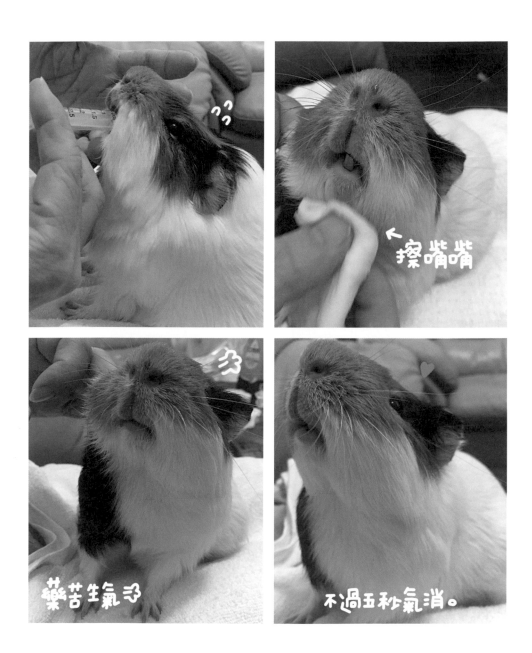

← 擦嘴嘴

^大

藥苦生氣ㄡ

不過五秒氣消。

滿滿的呵護

自從阿鼻看醫生回來後,最有感覺的就是
同居貓醬醬,察覺阿鼻不再像從前那樣
蹦蹦跳跳,改成走慢活路線。

白天的時間,粉爸親自洗好一碗新鮮
蔬果讓粉妹幫阿鼻補充維他命C和藥,
這個過程貼心的醬醬都默默守在一旁
陪阿鼻,直到回籠還會上前安撫。

藥好苦
拒吃!

5151

鼻鼻乖,我聞聞看

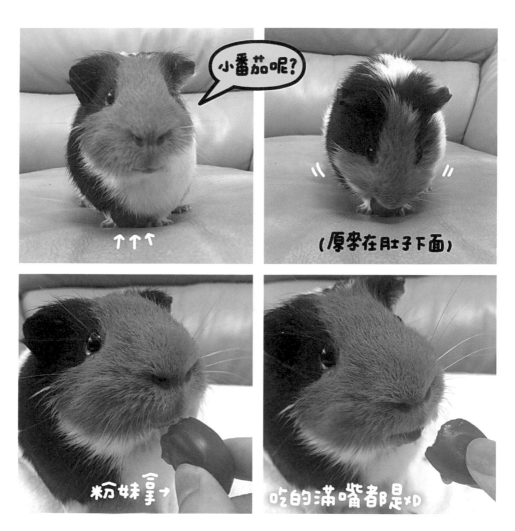

把針筒嘟過去粉妹會精神喊話
：「藥吃完可以吃番茄哦!」←哄小孩
一臉委屈的阿鼻回應：「好..我吃!」

鈴鐺結紮日！
隨著年紀逐漸長大，阿鼻的黃金袋也長超大！
走路時常磨地板破皮，獸醫表示「年輕結紮
回復力比較好，老了袋袋拖地會更難處理。」
預約3時間照X光，確認胸腔狀態是
穩定的，身體也很健康沒有其他的異狀，
才放下心讓阿鼻做結紮手術 ✿。

↑優碟

結紮前的下巴摸摸。

(開心)

結紮當天一家人非常緊張的目送阿鼻進去手術室，等待過程粉妹也坐立難安，漫長的幾小時過去後，手術室緩緩推出一隻翻白眼嘴巴微微張開吐舌的阿鼻。

「醫生...阿鼻...阿鼻他現在好嗎？」

醫生：「手術+方成功！現在可以每隔兩分鐘輕輕拍他，叫他起床囉 :D」 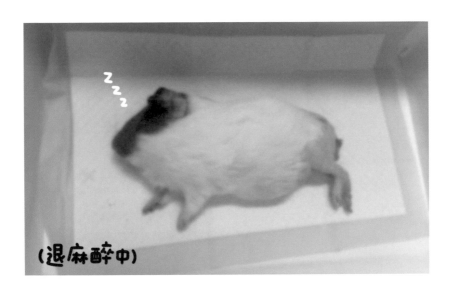(拍)

...原來是麻醉還沒退，差點嚇死粉妹!!

(退麻醉中)

醫生:「還有回家要觀察他有沒有食慾,
不吃東西或是有異樣要趕快帶回來,一個
禮拜都沒有出現狀況就是沒問題了!」
大力感謝完主刀醫生,快速退到一旁呼喚
阿鼻起來「阿鼻醒醒哦,該起床了!!」
聽見聲音小小抽動,退麻醉的阿鼻低聲
嗚嗚哽咽,淚眼汪汪讓人心疼
(清醒反而一臉忘記自己在醫院的表情)

想不起來

我剛在幹麻

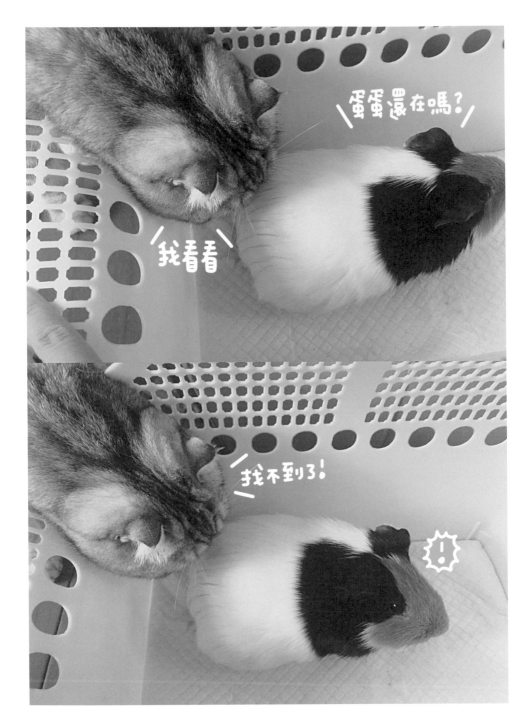

154

回家後連休息都不用，馬上就沒有節制的
大嗑牧草和餅乾（說好的食慾不佳呢？）
模樣完全不像剛剛才開刀結紮的天竺鼠
，整天不停吃吃睡睡咬欄杆，一點也沒
注意到蛋蛋×2不翼而飛ⓜⓜ。

討厭羞羞套

措手不及

阿鼻結紮完剛好滿一個禮拜,前一天預約下午回診,早上開開心心呼嚕著吃胡蘿蔔。

中午大家在吃飯時,阿鼻忽然大力喘一口氣表情很痛苦的全身發抖,+萬火急打電話給醫院,抓件外套就往外衝去搭計程車…

送到醫院短短幾分鐘時間,阿鼻被戴上氧氣罩吸著純氧。醫生看完阿鼻的情況後,嚴肅的從抽屜拿出粉紅色單子交給粉妹,紙上印著5個大字"病危通知書"

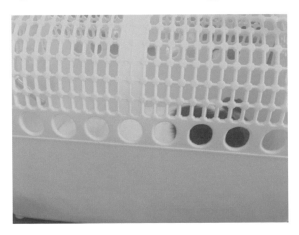

粉妹頓時腦袋一片空白反應不過來,輕讀著
「簽署本表格已了解寵物隨時有死亡的可能
…阿鼻怎麼了!生病嗎?為什麼會這樣…」
醫生:「阿鼻目前身體狀況沒辦法照X光,
無法判斷是怎麼了,依照病歷初步估計是
腫塊發作造成的急性症狀。」

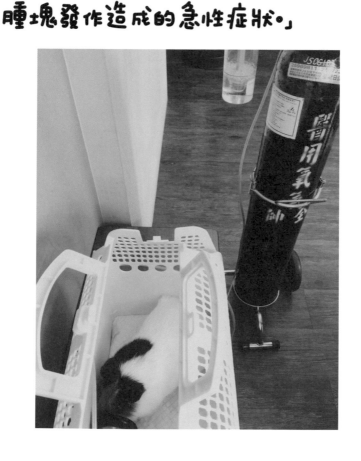

隨後醫生做緊急處理,幫阿鼻打了三針
緩和喘氣的情況,但是更多原因要等
穩定下來才能深入了解,所以安排阿鼻
住院兩天(氧氣室有純氧也比較舒服)。
晚上粉妹帶阿鼻最愛吃的菜菜去探望,
看見的卻是越來越虛弱的阿鼻趴在
氧氣管旁努力吸著純氧🐹。

粉妹隔著玻璃小小聲喊著「阿鼻加油!!
麻麻明天早上還會過來陪你,不要害怕!多吃
菜補體力,一定要好轉一起回家唷!」
但阿鼻這次沒有5151回應我,反而虛弱的
像要消失一樣的令人害怕又心痛。
隔天一早醫院還沒開門,粉妹、芝麻姝就先
準備好過去陪伴阿鼻,電話卻響起一通
陌生號碼「你好,是阿鼻主人嗎?」「嗯,我是。」
「要通知你....阿鼻早上9點的時候離開了。」

阿鼻喜歡的東西好多好多

最喜歡吃的菜菜是萵苣

喜歡黏著醬醬的阿鼻

喜歡跳爆米花舞

喜歡縮成一球麻糬睡

喜歡躺在大腿上撒嬌

或許我們都還在適應
沒有阿鼻的日子☆。

希望你在天上是快樂
的小天使
有吃不完的水果和青菜。

一輩子很短暫

阿鼻靜靜的像睡著一樣,感覺很不真實
火化後的阿鼻,粉妹把他安置在花圃裡,
每天跑步經過都會跟阿鼻說說話
「阿鼻這草超多的,通通隨便你吃!」
「醬醬一直坐在你位子上等你欸。」
「昨天雨好大喔...你有沒有地方躲雨啊?」

偶爾在花圃上發現貓咪們,粉妹看見
就會想:阿鼻不怕貓,這應該是阿鼻朋友!

你有看到阿鼻在哪嗎?

你旁邊?

171

回想經歷過的每分每秒
即使阿鼻不在身邊了
但還存在我心裡面
如果緣分能再次相遇
希望我們可以認出彼此
期待能再見面的日子
不管在哪都要快樂哦！

感謝讓我遇見你
無可取代的小寶貝阿鼻。

國家圖書館出版品預行編目資料

鼻要醬子！：神經貓與吃貨鼠的奴才服侍日記 /
粉妹著. -- 初版. -- 臺中市：晨星, 2018.05

面； 公分. -- (Lifecare；14)

ISBN 978-986-443-426-8(平裝)

1.貓 2.寵物飼養 3.漫畫

437.36   107003693

LIFECARE14

鼻要醬子！

神經貓與吃貨鼠的奴才服侍日記

作者	粉 妹
主編	李 俊 翰
特約編輯	芝 麻 姐
校對	芝 麻 姐
封面設計	粉 妹
美術編輯	王 志 峯

創辦人	陳銘民
發行所	晨星出版有限公司
	407台中市西屯區工業30路1號1樓
	TEL:04-23595820　FAX:04-23550581
	行政院新聞局局版台業字第2500號
法律顧問	陳思成律師
初版	西元 2018 年 5 月 1 日
總經銷	知己圖書股份有限公司
	106台北市大安區辛亥路一段30號9樓
	TEL：02-23672044 / 23672047　FAX：02-23635741
	407台中市西屯區工業30路1號1樓
	TEL：04-23595819　FAX：04-23595493
	E-mail：service@morningstar.com.tw
	網路書店 http://www.morningstar.com.tw
讀者專線	04-23595819#230
郵政劃撥	15060393（知己圖書股份有限公司）
	E-mail:service@morningstar.com.tw
	http://www.morningstar.com.tw
印刷	啟呈印刷股份有限公司

定價 280 元
ISBN 978-986-443-426-8
Published by Morning Star Publishing Inc.
Printed in Taiwan
版權所有，翻印必究

請填妥後對折裝訂，直接投郵即可，免貼郵票。

廣告回函
台灣中區郵政管理局
登記證第267號
免貼郵票

407
台中市工業區30路1號

晨星出版有限公司
LIFE CARE

請沿虛線摺下裝訂，謝謝！

更方便的購書方式：

(1) 網站：http://www.morningstar.com.tw
(2) 郵政劃撥　帳號：22326758
　　　　　　戶名：晨星出版有限公司
　　請於通信欄中註明欲購買之書名及數量
(3) 電話訂購：如為大量團購可直接撥客服專線洽詢

◎ 如需詳細書目可上網查詢或來電索取。
◎ 客服專線：04-23595819#230　傳真：04-23597123
◎ 客戶信箱：service@morningstar.com.tw

以下資料或許太過繁瑣，但卻是我們了解您的唯一途徑
誠摯期待能與您在下一本書中相逢，讓我們一起從閱讀中尋找樂趣吧！

姓名：＿＿＿＿＿＿＿＿＿　性別：□ 男　□ 女　　生日：　　／　　　／

教育程度：＿＿＿＿＿＿＿＿

職業：□ 學生　　　□ 教師　　　□ 內勤職員　　□ 家庭主婦
　　　□ SOHO族　　□ 企業主管　□ 服務業　　　□ 製造業
　　　□ 醫藥護理　□ 軍警　　　□ 資訊業　　　□ 銷售業務
　　　□ 其他＿＿＿＿＿＿＿＿＿

E-mail：＿＿＿＿＿＿＿＿＿＿＿＿　聯絡電話：＿＿＿＿＿＿＿＿＿

聯絡地址：□□□＿＿＿＿＿＿＿＿＿＿＿＿＿＿＿＿＿＿

購買書名：鼻要醬子！：神經貓與吃貨鼠的奴才服侍日記

・本書中最吸引您的是哪一篇文章或哪一段話呢？＿＿＿＿＿＿＿＿＿

・誘使您購買此書的原因？

□ 於 ＿＿＿＿ 書店尋找新知時　□ 看 ＿＿＿＿ 報時瞄到　□ 受海報或文案吸引
□ 翻閱 ＿＿＿＿ 雜誌時　□ 親朋好友拍胸脯保證　□ ＿＿＿＿ 電台DJ熱情推薦
□ 其他編輯萬萬想不到的過程：＿＿＿＿＿＿＿＿＿＿＿＿＿＿＿

・**對於本書的評分？**（請填代號：1. 很滿意 2. OK啦！ 3. 尚可 4. 需改進）

封面設計 ＿＿＿＿　版面編排 ＿＿＿＿　內容 ＿＿＿＿　文／譯筆 ＿＿＿＿

・**美好的事物、聲音或影像都很吸引人，但究竟是怎樣的書最能吸引您呢？**

□ 價格殺紅眼的書　□ 內容符合需求　□ 贈品大碗又滿意　□ 我誓死效忠此作者
□ 晨星出版，必屬佳作！　□ 千里相逢，即是有緣　□ 其他原因，請務必告訴我們！
＿＿＿＿＿＿＿＿＿＿＿＿＿＿＿＿＿＿＿＿＿＿＿＿＿＿＿

・**您與眾不同的閱讀品味，也請務必與我們分享：**

□ 哲學　　　□ 心理學　　□ 宗教　　　□ 自然生態　□ 流行趨勢　□ 醫療保健
□ 財經企管　□ 史地　　　□ 傳記　　　□ 文學　　　□ 散文　　　□ 原住民
□ 小說　　　□ 親子叢書　□ 休閒旅遊　□ 其他＿＿＿＿＿＿＿＿

以上問題想必耗去您不少心力，為免這份心血白費
請務必將此回函郵寄回本社，或傳真至（04）2355-0581，感謝！
若行有餘力，也請不吝賜教，好讓我們可以出版更多更好的書！

・其他意見：

晨星出版有限公司 編輯群，感謝您！

掃描QRcode
立即填寫線上回函

U0004357

特別感謝

廣告與活動贊助人

曾文忠 | 一位愛跑步的建築師

各界推薦人　依姓氏筆畫排列

李偉文 | 荒野保護協會榮譽理事長

林文宏 | 台灣猛禽研究會發起人

林瑞興 | 特有生物研究保育中心棲地生態組組長

林冠廷 | 台客劇場環保 youtuber 導演

洪孝宇 | 屏科大鳥類生態研究室研究員

范欽慧 | 國立教育電台「自然筆記」製作人

徐仁修 | 自然生態攝影家

夏榮生 | 林務局新竹林區管理處處長

陳玉峯 | 台灣生態學會理事長

梁皆得 | 生態紀錄片導演

黃光瀛 | 猛禽與鳥類生態專家

黃美秀 | 黑熊媽媽，屏東科技大學教授

楊守義 | 國家地理與 Discovery 紀錄片導演

劉克襄 | 自然生態作家

廖鴻基 | 海洋文學作家

蔡若詩 | 國立嘉義大學生物資源學系助理教授

鄭國忠 | 台灣基督長老教會退休牧師

潘致遠 | 社團法人台南市野鳥學會理事長

你是特別的

臺灣草鴞與
西拉雅鴞郎的旅程

作者◎萬俊明

太雅

臺灣草鴞的自然紀實

鴉郎在西拉雅草坡的冒險紀

蔡若詩 | 國立嘉義大學生物資源學系助理教授
台灣猛禽研究會常務理事

鶇粉群的福音，
草鶇生活不再神秘。

被萬導稱為夢幻物種的草鶇，對很多人來說，都有種莫名的魔力，這種魔力有很大程度來自於牠的神秘。草鶇生活特性隱秘，長期以來對牠的瞭解僅限於為數不多的生澀研究報告，和坊間零星的資訊。這對於日益壯大的鶇粉群來說，實在難以止渴；而對這一物種生活習性的知識欠缺，也一定程度上阻礙了保育行動的開展。所幸，今天《臺灣草鶇與西拉雅鶇郎》補上了這樣的一個缺口。

對於一個物種的瞭解是保育的重要基礎。因緣際會我從 2015 年開始踏上草鶇的研究之路。幾年來，我們國立嘉義大學生物資源學系棲地生態研究室，以及數個單位的研究夥伴，逐漸建立了有效的調查方法，並透過分布預測、衛星追蹤及進一步棲地利用的探討等，跌跌撞撞一路摸索，才逐步瞭解了一些草鶇的生態習性。我們這些研究人員試著從科學及保育的面向來看草鶇生態，雖然能對族群的概況有整體的認識，但卻很難從個體及動物行為角度來全面探究草鶇。因此有這樣一本書，很精彩也忠實地把草鶇的生活史，從求偶、育雛、親子互動到衣食住行呈現在大家的眼前，不僅讓人眼睛為之一亮，也為草鶇的保育提供了重要的訊息。

萬導對草鶇及自然生態的熱情與堅

持，在本書中也顯露無遺。長時間野外調查的種種困難和要面對的問題，萬導在書中只是輕描淡寫的帶過，但其中所經歷的艱辛，連我們這樣一個專注於草鴞研究的研究室，也沒有辦法完全體會。曾有研究室的伙伴在調查結束後，發現車子發不動了，正苦惱著在大半夜該怎麼脫困時，看到萬導騎著機車，不知道從哪條小路鑽了出來，成為我們的救星。這樣都能被萬導撿到，可見他投入在野外調查的時間之長，頻度之高。

保育一直都離不開「人」的事，這也是本書所強調的。萬導以他長時間觀察的角度，在書中從不同面向闡述了草鴞受到的各種威脅，而最終也是回歸到「人」這個最大的因素。長期在野外從事生態觀察的萬導，當然也深深理解，這些威脅單憑一己之力很難改變，但他並沒有因此不作為。

他選擇將他的執著、柔情以及對草鴞的愛，放入他專長的影像紀錄，將草鴞的生活真實地呈現在你我的眼前。

在兩年前，由國家地理頻道發行的紀錄片「夜行獵手：台灣草鴞」中，萬導對野外畫面的攝取，就讓人驚艷。如今這本《臺灣草鴞與西拉雅鴞郎》更是將影片中無法描述的事情，透過書中的文字與照片娓娓道來。藉此讓更多人去瞭解這個物種，瞭解牠所面臨的危險與困境，讓對草鴞的喜愛不會僅停留在被牠的神秘所吸引，而是在瞭解的基礎上，用更進一步保育行動來讓野生動物的生存環境更友善。

真心推薦大家透過這位西拉雅鴞郎的雙眼，一起來認識這個神秘的物種，並為牠的保育做力所能及的事。

楊守義 | 國家地理與 Discovery 紀錄片導演

與鳥說話的人

萬俊明萬大哥是我熟識的生態攝影師,他拍攝過國家地理、Discovery 等國際紀錄片,更是獲獎無數。

台灣山林的鳥、猛禽、自然脈動,都在他敏銳的觀察中,透過攝影機被他記錄下來,再困難的視角,再難觀察的鳥蹤,他都能完成拍攝紀錄任務。因此,能成為多部國際生態紀錄片的金獎攝影師,絕對實至名歸。

但,他傳奇性的人生故事其實比他的生態作品還要精彩。

「他是一個能與鳥溝通的人」,這是我 2019 年在德國萊比錫紀錄片影展提案大會的時候,對在場國際製作人分享的故事,那位能説出『鳥語』的主角,就是萬俊明。因為他熟稔山野鳥類的鳴叫,不但能辨識,更能發出鳥叫聲,像是回應山中精靈的呼喚。奇妙的是,這些鳥會從低矮樹冠叢、枝葉間給予回應,甚至出現在鏡頭中。在草原要發現草鴞的巢區,並不容易。但「聲音」成為萬大哥與草鴞連結的關鍵。因此紀錄片提案現場,來自世界各地的製片人對萬大哥這項「奇妙的能力」充滿興趣,這與鳥對話的能力,可能有助於鳥類專家追蹤不易發現的鳥類,這是一個好的紀錄片故事。

會説鳥語,這一切都來自於他是西

西拉雅族的血脈，自小在郊山環境長大，對音樂自然聲籟極具天份的引導，使得他能模仿出超過三十多種鳥類鳴唱的旋律。

除了音樂，非攝影科班出生的萬大哥，更開始摸索攝影機與剪輯技術，透過拍攝記錄的行動，讓他能與自然更多的獨處。

「生命與生命相遇」是許多生態攝影師、生態作家經歷的最美妙時刻。感性的萬大哥，總是熱淚盈眶的分享他的經歷。這些美妙的音樂、熱血的生態旅程故事，以及他溫柔的自然絮語，讓我在綠谷西拉雅微風下，感受生命的力量與尊重。

很高興萬俊明萬大哥出版本書，這裡有許多關於他的部落、家族、音樂、信仰、以及對自然生命探索追尋的故事，這些元素讓萬大哥對自然生態有了「愛」並對生態環境產生「責任」，透過行動，回應在他的拍攝影像中。

「我若能說萬人的方言，並天使的話語，卻沒有愛，我就成了鳴的鑼，響的鈸一般。」（哥林多前書 13:1）

11

范欽慧 | 國立教育電台「自然筆記」製作人

鵂郎的奇幻旅程

俊明的感官很靈敏，他可以分辨許多野鳥的叫聲，甚至可以模仿鳥語，進而和鳥一搭一唱！這種天賦令人讚嘆，讓我不得不懷疑，這些記憶早就儲存在他的體內，那古老原住民的血液裡，屬於一種人與非人的靈魂約定。我和他因為訪問而結緣，一直知道他的才華，不只是在生態攝影的領域，他所擁有的「生態素養」是來自於豐富的生活經驗，以及他自身的文化背景。

草鵂住在西拉雅大草原裡，身為西拉雅族的後裔，萬俊明用鏡頭紀錄了這群過去不太為人注意的草鵂，以及牠們的生活。雖然，最初只是為了自然生態的觀察，但是當這段旅程越走越深，從外層表象逐漸入了心，他開始跟這群長得扁平如人臉的「猴面鷹」，有了更深度的連結。於是，他不只是運用工具去掌握屬於草鵂的「楚門世界」，更認真傾聽了草鵂所發出的聲音，他先用樂理的音階為這些音律定調，再透過人類的心智與思緒來感同身受，試圖去理解屬於草鵂的悲歡離合。

西拉雅文化就跟草鵂的命運一樣，都面臨著被歷史遺忘及剝奪的困境，俊明用圖文影像來為草鵂發言，其實更像是某種「自我書寫」，甚至是一場充滿冒險挑戰的追尋。在某種程度

上來看，他似乎把自己的命運與草鴞結合在一起，從 2017 年開始，他接收到生命的召喚，開始走入了「鴞郎」的瘋狂生涯，廣大的草原中，住著不只是草鴞，還有更多緊密相繫的眾生群像，他都一一為牠們定焦拍攝，為草原住民的身分建檔。

俊明表面上是為了某些工作的任務而來，卻在這裡經歷了許多關鍵的儀式體驗，包括雷擊火災、毒蛇竄入、車禍被鐵網割喉……他置身在危機重重的大草原裡，卻有一種合盟關係正在建構中。在這個神秘的國度裡，許多事情似乎早有安排，更多的情節是超越了他的想像。在這樣的層面上，

草鴞反而像是「引路人」，向俊明開示生命無常的道理，打開他內在的感性能量，為草鴞的生活揭密，並向紛紛擾擾的世界，展現了一片寧靜的白芒草原，在那裏我們讀到了那曾經擁有的一切，以及曾經失去過的一切。至少，這會是一個學習「珍惜」的起點。

黃光瀛 | 猛禽與鳥類生態專家

記錄謎樣的家園精靈

在臺灣，不論是鄉村或都會，不管是部落或海邊，如果細心體會觀察，就會驚訝地發現到，還有眾多的生物也共享這片土地。依照著不同的棲地，隨著季節時令輪替，各種生物種類與作息也隨之變化，把這些觀察做系統性的記錄，是有趣又具有深意的事。

在老祖先的智慧裡，可能早已對這些生物做了詮釋，在諺語及祭儀中，可以看見幽微而具體的呈現，這些生物結合不同的文化、俚語、祭典，成為人文歷史的一部分。好友 Akey Talavan「萬仔」是西拉雅族長老之子，家族傳承西拉雅的傳統智慧，而

他這本書就是書寫臺灣草鴞在西拉雅族分布地與族人的故事。

臺灣草鴞 Australasian Grass-Owl (Tyto longimembris pithecops) 神秘而稀少，是臺灣 13 種廣義貓頭鷹中，數量最少的種類之一。分布地在台灣中南部淺山地區，棲息地與人類活動高度重疊，而我們過去竟然對這個貼近生活領域的生物所知甚少。在 1980 年代，「野生動物保育法」還沒有施行前，鳥店偶有販售的個體，個人年少時也做了紀錄，也與鳥店老闆「盤撋」(puânn-nuá) 探聽貨源。這俗稱「猴面鴞」的稀有鳥類。不知是數量減少，抑或法令奏效，「猴面

鴞」在市面上的數量越發少見，甚至消失。直至近年，萬仔將他長期蹲點所取得的第一手生態影像記錄，結集成冊，使學界及一般民眾對臺灣草鴞有完整映像。

他是孤獨的生態記錄者，經常騎著越野機車，帶著裝備記錄土地上的各種生物，以及上地面臨的危機，包括火災、開墾、流浪動物以及農藥對生態造成的影響。我回想多年前，阿嬤娘家後山草原中偶遇草鴞家族情景，驚訝於巢的不遠處就有怪手正在進行整地，雖然幼雛最後幸運離巢，但卻凸顯已迫在眉睫的生態危機。

Akey Talavan 與西拉雅草鴞的故事，忠實記錄了這神祕生物的生活史及所面臨的困境，結合族人在地智慧的述說，這本書正帶領讀者反思，人如何與共同生活在這片土地上的萬物，永續共存的里山精神與底蘊。

林瑞興 | 特有生物研究保育中心棲地生態組組長

臺灣草鴞的保育需要多元合作

稀有又不容易觀察的草鴞,是臺灣瀕臨絕種的保育類野生鳥類。過往十餘年,透過民間、學者與政府單位的合作,讓我們對臺灣草鴞的分布、族群狀態和面臨的威脅,有了較全面的認識。

在經過多次的討論之後,針對臺灣草鴞所擬定的保育行動計畫,也在2022年正式公布,並已經由重點繁殖及覓食棲地的維護、降低非刻意獵捕(如鳥網)導致的傷亡、減少鼠藥及其他毒物中毒情形、增加草鴞生物學及生態學知識,以及提升全國及關鍵地點對草鴞的認知等五個面向,有系統地逐步強化草鴞的保育。

萬俊明大哥這本獨特的新作,正好呼應與支持了行動計畫中的重要環節。身為鳥類生態研究者,回想起多年前和萬大哥,在雲林淺山八色鳥生態影像記錄的合作,一直對於他的熱忱,及與生俱來的觀察能力,印象深刻。在閱讀此書的過程中,除了對各種觀察過程的感同身受外,更得知西拉雅文化與成長背景對他深切的影響,也才曉得這些年,野外紀錄過程中經歷的大大小小意外,所幸均能平安度過。

身為新型態西拉雅影像獵人的萬大哥,憑藉長期又深入的一手觀察,讓我們從極其難得的影像與簡潔易懂的

文字，以西拉雅草坡為中心，一步步
進入草鴞的私密生活，同時深入其境
地看見淺山豐富的生態，和生態紀錄
者的風險與辛勞。瀕危野生動物保育
需要多元合作與積極行動，這本書絕
對是草鴞的絕佳生態導覽，希望讀者
們在看完萬大哥的分享後，可以持續
地關注與支持草鴞的保育。

劉克襄 | 自然生態作家

草鴞，我的遠方親人

我對草鴞的感情，蘊釀得相當緩慢。初始只因牠們是稀有罕見的貓頭鷹，臉形如一顆蘋果切開，充滿詭異的神祕。後來，因為作者拍攝的相關紀錄片，因為白茅草原的關係。突然間，我和牠們的感情拉得更近了，彷彿是遠方的親人。

沒想到，草鴞的繁殖環境，幾乎都是利用廣闊的白茅草原。

台北盆地深坑近郊的猴山岳山腳，有間林家草厝。20 年來，每隔 4、5 年，草厝修繕時，固定使用白茅搭蓋屋頂。白茅不易取得，阿公們平時在山上都會利用空地栽種。秋末收割後，悉心整理和日曬。但阿公年紀漸

大，搬運白茅的工作如今都得靠志工幫忙，後來連屋頂的整修也只能依賴年輕人。

蓋一間草厝需要大量白茅。山上的白茅有限，平時大家也會本能地到處尋找白茅。在蘭陽溪某處河岸，曾栽種了一區的白茅，準備為林家草厝來年使用，結果白茅長妥時，竟被陌生人偷偷摘走大半。

我在各地旅行，看到白茅草原，無論在哪，都會暫時駐足，伸手去撫觸，觀察這片白茅的質地，想像著草厝目前屋頂的狀況。但現在更因草鴞的關係，看著白茅草原，還會想像著，這一片白茅有無足夠的遼闊，有

天是否會有隻草鴞從上空躍出，在風中展翅，滑行好長好長的一段距離。

但等我更加熟悉草鴞的習性，這樣不切實際的夢想也淡了。我毋寧是在夜深後到來，站在寂靜的草原旁，凝視著暗黑的天際。尤其是秋天以後，望著一點星星高掛的清朗日子。草鴞從某一處白茅叢裡，自信地展翅，掠過草原之海。

看了書本也才知，是在這樣美麗的環境，作者透過長期的定點監測，撰述草鴞護家愛子的故事。同時積極宣導，害怕牠們失去愈來愈稀少的白茅草原。

草鴞善於使用白茅修築巢窩，建構溫馨的家庭。作者也以西拉雅獵人的身份，修過白茅之屋。長年關心草厝的我，自是渴盼，有朝一日能分別跟作者和草鴞交流。尤其是在翻讀此一圖文並茂的書籍後，這樣的美好機緣，一如草鴞滑過白茅草原，終會發生。

臺灣草鴞的
自然紀實

01 成為生態攝影師的緣起

1

2

小時候家裡經濟不好,我的全能父親會用各種方法維持生計,其中一項生財的工作就是到淺山拔取海金沙。我偶爾會跟去幫忙,模糊的記憶中,在一次在淺山工作時,短暫看過臉部特殊又討喜的鳥。後來才知道是猴面鷹,也就是草鴞,令我驚喜萬分。

時隔多年,再次見到,也是印象模糊,不過有相片存證,應該是我持傻瓜相機拍攝父親手中的草鴞。照片上的日期是民國 78 年 5 月 28 日。那日正好是當兵放退伍假,家族為我舉辦慶生晚宴。這隻草鴞雖然迷人,不過在當時卻不是我關注的事物,因此,對牠的來源去向,我竟然一點印象也沒有。

退伍後,正值口埤教會鄭國忠牧師推動信仰生活化、本土尋根、倡議環境保護,落實在生活中。

民國 81 年,父親擔任首任環保團契會長,當時的我年輕活躍、蒐集購買相關書刊充實自我,也參與生態保育志工訓練。後來又自學攝影,開始以在地物種作為我的記錄對象。就因為全心投入這些活動,成為後來關注

3

在地環境及生態保育的催化者。

　開始從事生態攝影記錄工作的前20多年，沒有再遇見猴面鷹。直到2017年，某日忽然接獲弟弟輾轉給的草鴞。那是源自劉叔在附近找藥草時，意外發現的兩隻幼鳥，劉叔同時也發現另一巢只剩一堆屍骨，猜測可能吃到有毒老鼠。

原來夢幻物種就在家附近，我竟然一無所知！

　同年，為執行一項拍攝計畫，草鴞

專家阿碩、劉叔和我，約定在10月4日，也就是中秋節時，造訪我們所推測的草鴞棲地。當天來到熟悉的曠野荒地，野地的雜草茂密難行，老練的劉叔展現西拉雅獵人拓荒、適應環境的本能，以人體背部當成推土機後

4

壓,逐步突破重圍。其中有會割傷人的五節芒防禦圍籬,會勾釘皮肉的「釘書機美洲含羞草」鈎刺,時不時也有可能跌落入溝渠的傘兵坑。我們一度想打退堂鼓,但劉叔說過了最難的一關,應該就是草鴞的棲地了。

說時遲那時快,30米處草叢蹦飛出驚喜,令我興起無法言語的感動!我們加緊腳步,想確認起飛點,不料看見更令人喜出望外的畫面:茅草叢內藏著剛出生的4隻可愛迷你草鴞,還有一顆蛋。真可謂「夢裡尋牠千百度,驀然回首,阿草卻在我家西拉雅淺山處。」

我們深怕驚擾到草鴞一家,於是用手機簡單記錄之後,便迅速離去。

下山歸途,心頭快意滿足。來時路走得艱辛,回程腳步格外輕盈,內心已燃起觀察記錄鴞家庭的火苗,也從此欲罷不能!

1. 我幫父親留影的草鴞
2. 70年代家中出現的怪鳥
3. 部落新化林場
4. 1999年口埤教會部落的林場淨山
5. 首次發現草鴞從巢區飛起
6. 首次發現巢室中草鴞幼雛
7. 金黃色草原是草鴞避風港
8. 孤獨鴞郎荒野踏查

8

02 西拉雅獵人

聽父親及安靜舅講述早期在西拉雅淺山抓山豬的往事，大多成群結隊帶著土狗，手持木鎗，圍網分工，合作捕捉山豬。外曾祖父佟添曾遭拒捕衝撞的山豬，用尖銳的獠牙刺傷，血流不止。另一次圍山豬，慌亂中二伯公抓著山豬尾巴倒著騎，最後不敵山豬甩尾，而跌落的獵聞趣事。

再說到漁獵，他們會選定水堀，在上游以土堤攔阻水流下，再以竹製 ho giah 將水堀的水舀掉，就可以開始摸魚蝦，抓螃蟹。

父執一輩聊起陳年往事，雖說生活窮困、物質匱乏，卻因合作打獵、共享獵物，而飽嚐人情溫暖。

我們這一代的五、六年級生，經常有樣學樣地結群在山林追逐松鼠、在田埂草叢、煙燻隧道口，逼鬼鼠出洞。幾乎人人熟悉做竹陷阱抓老鼠、以「竹雞吊」注誘捕竹雞、選樹枝製作彈弓、木鎗，在稻田濕地佈滿竹製「蛙釣仔」捕捉青蛙。

說到「獵人」，表舅佟安貴絕對是近代西拉雅獵人的典範。他俐落的手腳能徒手抓各種蛇，就像足球守

門員般撲獵，安穩無懼地伸手入蛇洞，拉出蛇。野外十八般武藝，他樣樣會，也是我的野地老師。不過，我至今都無法理解：各種蛇都不怕的安貴舅，唯獨怕比蛇還小幾百倍的毛毛蟲。如果這個無法解釋的罩門是秘密，那這個秘密已隨著我的偶像安貴舅去世而永久封存，無法解密。

而我也自詡是部落獵人，只是使用的陷阱不再是獸鋏、鼠籠、鳥網或竹雞吊。由於信仰的形塑與指引，1989 年退伍後，我開始觀注在地環境與自然生態保育。感謝上帝將獵人的敏銳洞察力賜給我，讓我有勇氣、毅力，甘願且執著地記錄著這片土地的生態，更想方設法去克服野地工作各種難耐的挑戰。

　　我是轉型的西拉雅獵人，是淺山的鏡頭獵人。我的彈弓升級為射程更遠的照相機、攝影機；捕掠的鳥網換成收錄鳥音的錄音機；感應夜視自動攝影機取代了所有的捕捉工具，讓拍攝工作對生物的驚擾降到最低。我個人的轉型是進一步回應上帝給我的恩賜，為淺山、為我所居住的部落，保存記錄多樣物種的姿態與生存方式。

注：「竹雞吊」是抓竹雞的竹製陷阱，捕青蛙的蛙釣是用竹子綁魚鈎線，以蚯蚓當餌，蛙釣插在稻田水塘邊等蛙上鈎，夜間及清晨巡邏時，收取獵物。

1. 西拉雅獵人佟安靜佈置陷阱
2. 西拉雅山林
3. 以竹製取水器將水舀出
4. 天天背負器材穿越荒原
5. 就地偽裝架設攝影機
6. 1996 年開始收錄大自然的聲音
7. 鄰近蛇鷹雨中即景

西拉雅草坡的草鴞家族，大多在秋臨九月前後下蛋。
當季常有颱風暴雨，如果草鴞在容易積水的草叢裡築巢
下蛋，繁殖任務就很有可能泡湯失敗。

生蛋&破殼

1

我一再使用西拉雅「草坡」名稱，是因為這裡並非平地，而是高低起伏的淺山丘陵，也有積水的窪地。

曾經發現的十幾個巢區，只有一個巢室在平地，其他幾乎都在排水良好的斜坡上。斜坡巢室的地面略平，有茅草當床鋪，蛋比較不會滾動溜走，這裡的草鴞家族也許是經歷過大雨的侵襲，學會選擇更優質、排水良好的山腰築巢。

草鴞的蛋呈白色，有時會看到污斑，可能是後期染上。鴞媽媽幾乎終日守巢孵蛋，在短暫離開巢位時，蛋會有風險，讓蛇、老鼠有機可趁。

1. 下蛋間隔不一，我的紀錄約 56~64 小時下一顆。
2. 母鴞幾乎終日守巢孵蛋，不過一天有幾次 2~10 分鐘放風。
3. 棕三趾鶉的蛋比較小有污斑
4. 下蛋到破殼大約 32 天，約每隔兩天會破殼孵出一隻

1

2017～2020 年記錄的每個草鴞家族都各下 5 顆蛋。

2019 年有一個巢室，生下 6 顆蛋的紀錄；時間也很特別，是在年初。猜想那時可能特別豐衣足食吧！

2021 年 3 個家族都各自只生 4 顆蛋。

2022 年有 A、B 兩個巢均為 3 顆蛋。B 巢發生戲劇性的故事，鴞媽在產下第 3 顆後的 56 小時，再產了第 4 顆蛋，然而兩天後不明原因，失蹤 1 顆。母性使然，繼第 4 顆蛋後的 64 小時再產下一顆，無奈再次離奇的少了 1 顆。至終是以剩 3 顆收場。該年共發現 7 個巢。

2
3

1. 正在吃蛋殼的母鴞
2. 剩下一蛋未出，母鴞耐心守候
3. 17 日齡
4. 老大 10 日齡時，排行第 5 的小鴞誕生了

4

　　孵蛋階段是草鴞準爸媽神經過敏期，容易因干擾而棄巢。驚慌中，雄鴞先飛離，雌鴞比較護家，真正感覺危急才飛出巢室。這種情況下親鳥通常入夜才返回。空巢期除了天敵的虎視眈眈，蛋過久失溫，也會導致不可逆的憾事。

　　下蛋到破殼出生大約 32 天，蛋分梯次生完，也依序破殼出生，約 2 天、甚至 3 天孵出一隻小小鴞。老大跟老五相隔一週以上。這些資料是我個人的觀察分享。

草鴞媽媽的育嬰日記

從破殼到離巢的93日成長紀錄

草鴞的手足間，老大跟老幺相差近10天，甚至更多，體型也差一截，我還是以老大年齡為準來定年齡。約一週後，弟妹依續都破殼，但有一顆久久不出，蛋依然是蛋，也許是空砲蛋，沒有受精吧！

Day0

1日齡：

小小鴞粉嫩軟趴趴的，僅能躺臥草床，眼睛尚無法睜開。
鴞爸一開始不會帶太多獵物供食，也會一起在巢區守望家庭。

7日齡：
小小鴞眼睛已經可自然睜開，但沒事就合眼休息。
媽媽隨身侍候。

10日齡後：
少許的白色絨毛逐漸轉化成土黃褐色。

2週齡：
長大一些，吐食繭、便便的行為較有機會記錄。

Day **15** Day **16** Day **17**

18日齡：
開始學習站立，搖搖晃晃，只能短暫站起。

Day **18** Day **19** Day **20**

3週齡或更早：
鴞媽比較放心小鴞了，逐步出門放風或狩獵，
但不會外出太久。

Day 21   Day 22   Day 23

25日齡後：
小鴞的長腿可以站起。不過還是坐著居多，
不用費力 放鬆舒適呀！

Day 24   Day 25   Day 26

4週齡：
全身披著金黃色絨毛，漸豐滿而膨鬆。

Day27

Day28

Day29

Day30

Day31

Day32

5週齡：

一副金毛獅頭樣，記錄到 37 日齡，開始練習飛撲。
巢室若不再適用，會在週圍另起新棲室。

Day33　Day34　Day35

Day36　Day37　Day38

Day 39

Day 40

Day 41

6週齡：

紅棕色蘋果臉漸漸形成。曾記錄 40 日齡開始以嘴撕肉吞食。
入夜後更活躍，又飛又跳。

Day 42

Day 43

Day 44

Day45　Day46　Day47

50日齡：
飛羽、尾羽逐漸形成，絨毛還沒掉完，短距飛行沒問題。
這階段可以稱離巢過度期。

Day50　Day51　Day53

Day 54 **Day 56** **Day 57**

60日齡：
身上絨毛已褪去，看起來就是有模有樣的少年鴞。
此階段可空中飛翔，練習飛撲，尚無獵捕經驗，依賴親鳥。

Day 60 **Day 64** **Day 68**

75日齡：
白日隱藏棲點，入夜集合場集合，
來來去去，還是會等待親鳥送食物來。

Day 72 Day 73 Day 75

Day 77 Day 78 Day 81

93日齡：

已經離開原生地，飛到 9 公里外的另一處茅草原，推測已可以自行獵捕。
這一則戲刻性的對遇情節 (見 P.48)，這裡就不再贅述。

Day **82**　　Day **88**　　Day **93**

媽，我翅膀硬了！
掰掰～

03 與108對遇

———直以來不敢提及記錄的地點，就是擔心一旦棲地被他人曝光後，恐引起不必要的干擾，所以當有人追問時，我也只能默默地說抱歉。

幾天後，返回西拉雅，便直衝草坡。果真如我預測，兩隻小小鵂已先行登記西拉雅草坡戶口了！

2018年記錄西拉雅草坡上的樣區共有3處，其中我關注最深、拍攝百餘日的，是一個草鵂家庭。為了將干擾降到最低，必須透過監測攝影鏡頭窺探草鵂家人日常互動的生命史。早、晚各一次前往棲地，在巢室週邊躡手躡腳，迅速地更換記憶卡。一日兩次，重覆著同樣操作模式，回到家再進行電腦檢視、整理關鍵畫面。看著小鵂們日益成長茁壯、羽翼漸豐，推估距離巢日不遠，該為接下來離巢後，持續的科學記錄作準備了。

就在50日齡當天，與研究人員前來進行基礎量測，然後繫上腳環，目的是希望來日再遇見這些草鵂時，可以追蹤到他們的年齡壽命、遷移範圍、繁殖能力等等生態的珍貴訊息，有助於解讀草鵂謎題及保育對策。

2

研究員們溫柔謹慎地分別為三隻小鴞們繫上編號 107、108、109 的腳環。説也奇怪，小鴞們絲毫沒有受到驚嚇的樣態，即便回放到原巢室時，他們還在巢室口歪斜著頭靜觀，沒有驚慌逃離，比起別家小鴞顯得穩定自在。

持續跟拍 70 日齡時，小鴞們依然會在老家徘徊，等候爸媽的鼠條。

80 日齡的少年草鴞獨自在雨夜享受小雨珠洗禮，感受到牠們耐得住風雨，在雨滴中依然喜樂，不久牠們將逐步擴展自己的夜空，飛翔在這片屬於他們的草地獵場。

時序進入初冬的某日，我在另一處同樣是舉步維艱的茅草原裡，試圖探尋是否有其他草鴞的蹤跡？突然間，餘光察覺有異，不知道是我

3

眼尖，還是牠的眼珠子大到我無法忽視牠的存在！敏感如我，便緩緩地…緩緩地將頭轉正，迎上牠的大眼睛……當下彷彿世界只剩四眼對遇，我定睛屏息不動，深怕一個動作就會打破這份驚喜，又言語不及描述的氛圍。

眼神對望百秒後，開始上下游移，直到視線距焦在牠的腳間，藍白相間的腳環上烙著清晰「108」數字，剎那間，在心底竄出驚呼「少年仔，是你嗎？！」

回過神來，意識到該為這歷史一遇留下印記，便又緩緩地握起相機拍攝下來。

推估那日是牠 93 日齡，我們竟然在牠出生巢位，東北方直線距離 9 公里以外的「牠鄉」相遇！那足以證明 93 日齡的牠，終於離鄉背井，有獨立自主的能力。就在面面相覷的片刻後，理性催迫我該離開，如果這裡將是牠落腳成家之地，我更該抹平這份騷動。或許是我一廂情願，但我確實在心底深深祝福牠，再輕輕緩緩地從牠的視線離開。

7

回到家，迅速將記憶卡再存入電腦檢視作業，確認與「108」的歷史一遇，不是我的幻覺，也不是眼花。甚至禁不住腦補：在對遇當下，牠泰若自然，沒有驚嚇的表情，又代表什麼意義呢？牠「認得」我嗎？牠「記得」我就是那張日以繼夜、隱約出現在牠們家門口的面孔，卻沒有對牠們成長的日常，引起騷動不安的那位「朋友」嗎？

我知道記錄物種，需謹守當守的界線與倫理，不過，與 108 對遇的這一幕，當下的感動一直烙在我心底！

1. 尊重的態度、溫柔的動作，博取了草鴞的信任
2. 基礎量測 108 是你的名字
3. 50 日齡幼鳥發出乞食聲，好引起親鳥關注
4. 翅膀硬了的幼鳥離開巢區
5. 老練的成鳥
6. 108 與我對望相隔 2 公尺
7. 研究員繫放後，腳環是重要依據
8. 黃昏的茅草原

8

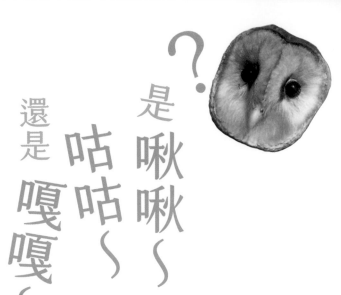

是 啾啾～
還是 咕咕～
嘎嘎～

草鴞全家大小的叫聲

從事生態拍攝這二、三十年來，不管是我個人的興趣偏好，或者被委託記錄的案件，拍攝的絕大部分是鳥類。牠們各有特色的鳴叫聲常不絕於耳，聽久了，我也會不自主地模仿牠們的叫聲，跟牠們一唱一和，彷彿在跟牠們對話。

1. 雄鴞幫孵蛋的母鴞
   理毛，很親熱
2. 雛鳥不論醒或睡也
   會持續發出喉嚨的
   氣流聲

　　我似乎對於聲音的辨識敏感度有種與生俱來的
能力，在帶戶外導覽課程或一般講座時，會即興
地模仿、解說鳥類的叫聲，使學員有「聲」歷其
境的感覺，有助於課堂學習與互動。

　　八色鳥叫聲很難學，聲音旋律沒問題，但就難
在叫聲中有種特殊麻麻的共鳴聲。學員聽完我的
模仿，會驚訝：「怎麼那麼像！」

　　在我看來，草鴞的聲音也很具特色，不很好學，
難度指數比八色鳥還要高。

　　回到本書的主角，究竟要怎麼描述「草鴞」獨
特的叫聲呢？

　　要聽見草鴞的聲音，通常在巢室、棲息點，或
附近一帶。一般說來，鳴唱聲音有時輕柔、微而
慢；有時激動、快而強。基本型款是顫抖的哨音。

1

2

而草鴞一旦成家，一家大小的叫聲，更是熱鬧，就
跟人類一樣，繁忙地溝通。根據拍攝記錄所得，歸納
出以下幾種行為模式。可能跟我的家庭背景有關，在
我耳中聽來，都是溫柔、充滿愛的聲音。以下是長期
記錄之下，分辨出來的叫聲意思：

5

01 雌雄常在巢口激動地望天鳴叫，推
測是有其他草鴞經過，牠在宣示主權，鞏
固地盤。雌鴞音頻略高，音色略扁。雄鴞
相對音頻較低，但音色明亮厚實。

02 尚未找到伴侶的草鴞在巢室或棲
息點鳴唱，也會這樣唱，或許在找老伴，
也可能是在宣示領域。更正確地說，求偶
期的草鴞在任何地方，隨時鳴唱。

03 鴞爸在上空邊飛邊唱，音量中庸，
通知鴞媽家小，老爸帶回獵物即將降落。

1. 雄鴞發出「tak」戒備聲
2. 交尾的雌鴞發出歡愉呻吟聲，雄鴞則故作鎮定
3. 鴞爸叼回食物，全家都在叫，鴞媽尤其激動
4. 小鴞沒事也發出乞食聲，發現親鳥回來，聲浪加劇
5. 母鳥喚醒雛鳥時，也會發出溫柔的聲音

04 公鷸打獵回來，當作送禮交給母鷸時，會發出一陣溫柔的叫聲，類似發不動引擎的抖音，連帶身體也會抖動。

05 母鷸在餵養前喚醒小鷸，那般的親子情懷，溫馨有母愛。同上述的引擎抖音。

06 雌鷸在接受雄鷸獵物後，也會有「發不動的引擎聲」。前述三種我將其擬人化，彷彿是在唱謝飯歌。幼鷸其實也遺傳著唱「謝飯歌」的基因，雖不常表現，但筆者曾經聽過，可能是幼鷸還在學習中。

07 草鷸交尾前雌鷸會先呻吟發聲，好像在訴說愛意，願意以身相許。雄鷸騎上雌鷸交尾時，兩隻會發出不同的叫聲。雌鷸顯得歡愉，發出撒嬌的呻吟聲；雄鷸交配完後，有時會在巢穴發出宣示主權的鳴唱。

08 不清楚用意的呼喊，有勁的單一叫聲。

09 草鷸在繫放飛起時，發出單一微抖聲，如微風聲音。

10 小屁鷸嬉戲發出的類疼痛調皮叫聲。

11 小鷸學習大鷸的典型鳴唱，呈現未成熟顫抖哨音。

12 剛出生幾天，小小鷸的高頻稚嫩叫聲。

1. 小小鴞會發出乞食聲及幼嫩高頻聲
2. 公鴞在巢穴宣示主權，雨中演唱主題曲

3. 母鴞發現入侵者 拱翅瞪眼 發出「ha」的類喉嚨長音
4. 攻擊入侵者時，草鴞會發出幾種生氣的戒備聲音

01 乞食叫聲

什麼是「乞食聲」？就是乞討食物時會發出的聲音呀！

雌鴞在棲點或巢室內，不論是聽到，或是心靈感應到雄鴞在回家途中，會突然振奮起來，狀似驚喜，然後發出類似壓縮喉嚨的氣流聲。等雄鴞帶著晚餐鼠條入巢，把食物交接給她時，叫聲達到高潮，急促且有力！

雛鳥在巢室內，醒著或合眼休息，經常會持續地發出類喉嚨氣流聲，跟母鴞音色很像，但還是略有差異。

02 生氣警戒聲

草鴞在遭遇天敵或外來威脅時，會拱翅左右搖擺，顯得不安。生氣或抵禦威脅時，會發出類似「Ha～」的喉嚨含水氣長音，或憋氣的「ga」長音。我觀察到幼鴞也會。

另一種不同的生氣戒備聲，類似舌頭頂著上顎，極速彈跳的「tak」極短音，特別是有蛇入侵時，就會聽見，有時也會伴隨「Ha」的短音。

03 蛋內新生兒的叫聲

破殼前，新生命在蛋內發出的叫聲，最讓我驚奇又驚喜！原來蛋在完整無裂痕的狀態下，竟然從蛋內傳出啾啾的鳥叫聲，這太神奇了！當下母鴞也會發聲，溫柔地回應小鴞。然後，隔天破殼誕生了！

1

1. 戒備中的公鳥，發出「tak」聲，舌頭外露　　3. 幼雛也會本能發出保護自己的聲音
2. 最令我驚喜的發現，是聽見蛋殼內雛鳥的聲音　　4. 中間入侵者並非親鳥，被小一號雛鳥驅趕

母鵂與幼雛的 親子時光

小小鵂自破殼那一刻起的生存責任，大概就是吃，
然後平安健康長大，直到獨當一面。

1. 剛出生的雛鳥無力站起，只能窩在媽媽的肚子下面躺著。
2. 鴞媽媽短暫放風，才有機會窺探全都露的小鴞子下面躺著。
3. 雨夜中替雛鳥撐傘。
4. 母親與孩子的親密期大約三週，然後逐漸放鬆緊密守護的責任。
5. 手足互相依偎者，30日齡

鴞媽媽從孵出第一隻小鴞，就啟動餵養的天性，由鴞爸負責獵回鮮鼠肉，交給鴞媽媽供餵食。接連幾天裡，一隻隻的小鴞依序破殼。

育雛中的鴞媽媽幾乎整日蹲巢護雛，偶爾會暫時小離座位，所以蛋或小鴞都溫暖地被母親保護著。

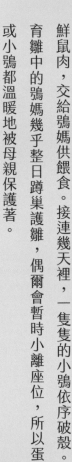

粉嫩的小鴞有事沒事都會叫，即所謂的乞食叫聲，那種粗啞的叫聲，對比牠那小小軟嫩的身型，實在有些違和。

　　當鴞媽要放飯時，以一種溫柔的顫抖提示音，彷彿是唱謝飯歌，或一種心滿意足的快樂頌。接著就將鮮肉以嘴喙撕裂成小塊，小小鴞從娘親懷裡探頭，嘴對嘴式地遞送食物。對於鼠頭鼠尾的部份小鴞尚無法吞下，所以就是媽媽的份了。雖說，應該是鼠頭太大顆，小鴞的嘴無法張大吞食，但是我會聯想人類，母親吃比較沒肉的魚頭魚尾，好吃的部分留給孩子。母性的愛，在草鴞身上也是一樣。

　　因為剛出殼還眼盲，取得最佳進食位置的小鴞會吃得比較多，吃飽了會禮讓其他小鴞手足。我沒辦法幫牠們作記號，所以只能勉強從體型、臉型大小來排行。

　　記錄的觀察中不曾看過鴞爸親自撕肉餵養小鴞，這倒有點像大男人在外頭打拼，家裏內務通常不管。不像鴞媽除了餵食，還得整理草床墊，要清理食繭，為小鴞理毛。

1. 母鴞用嘴撕開老鼠肉，餵食小鴞
2. 剛出生的雛鳥常常在睡覺
3. 母鴞在夜間會暫時離巢幾次
4. 在母鳥懷裡打呵欠的雛鳥

　　育雛近三週，鴞媽會短暫離巢，有時會歇斯底里地匆忙來回巡查，然後逐漸加入打獵行列，分擔老公外面捕獵的重擔。記錄中曾觀察到一次囧境，一般來說鴞爸一晚平均要抓7隻老鼠，那次鴞家大小等了一夜，鴞爸只帶回一隻老鼠就天亮了，這過程到底發生什麼事？不得而知。

母鴞回巢時，幼雛有時會啄咬
母鴞，這時母鴞一臉無辜狀

　　育雛中後期，鴞爸打獵依舊頻繁，總是來去匆匆。鴞媽攜回食物，相較有耐性，會多一些時間關照小鴞。

　　對於小鴞是否認得自己的媽媽這件事，是個有趣的觀察。一隻外來的少年鴞私闖家門，小鴞手足以為鴞媽帶吃的回來，一窩蜂向前衝，猛一看才發現是隻陌生鴞，然後三小鴞以小搏大，將牠趕出家門。在我的記錄中，這種情況發生不只一次。

　　其實鴞媽媽有時還蠻無辜的，回家探望小鴞，不管有無伴手禮，小鴞像叛逆的小孩，以嘴啄驅趕媽媽，鴞媽任屁孩啄咬身體，也不在乎，老神在在。若小鴞過度調皮，鴞媽也會一臉無辜地離去。這是我一次又一次從記錄的影像裡看到，我每每觀察到草鴞與人類家庭生活相似處，總感到樂趣無窮。

快快長大～

04 第一次與草鵂過夜

2018 年 10 月初，往國境之南跟灰面鵟鷹會面，這樣的約會已經超過 20 年了。然而車愈往南開，就愈記掛著棲地孵蛋中的草鵂媽媽。惦念成了繫著兩端牽掛的繩，走得愈遠，拉得愈緊。我在內心推敲日期，覺得小小鵂應該快要出殼了！

幾天後，返回西拉雅，便直衝草坡。果真如我預測，兩隻小小鵂已先行登記西拉雅草坡戶口了！

為了這一刻，我早就在腦海內，演練過無數次的拍攝紀錄 SOP。現在，我不斷告訴自己：「我要小心，不能有任何閃失。」那晚，我計畫與阿草同住草坡，患難與共。

沒有想到，具體執行時，還是相當困難，因為我沒有把蛇算進我的計畫。20 米外搭設的掩蔽帳基地營，馬上被大頭蛇侵門踏戶給進駐，為了專注拍攝，我還是把牠請了出去。

第一次與草鵂過夜，戰戰兢兢充滿期待，期許自己莫忘初衷。我的準則是減至最低影響，循序漸進，取得信任。第一晚夜宿棲地，將所有設定大致就序，就等太陽下班。

2

向晚，霞光襯彩雲，輝映成金黃閃耀的草坡，可遇不可求的景致氛圍，盡收眼前。

黑翅鳶正在進行今日最後一波的巡弋獵食，隨著夜幕低垂而收工。

緊接著夜鷹暖場，身型小一號的黑影舞者兩、三隻飛來舞去、忽隱忽現，可就沒有阿草哥無比富於魅力的飛行氣質。

忽然間，宛如哨音響起，一號阿草主角來了！不急不徐優雅地在微亮上空舞動，時而盤旋，時而滑行，

有時定點拍翅，俯瞰注目，然後退場，轉身離去。

攝影機並未開啟，我隱藏在遮蔽的帳棚裡，時不時探頭窺望。

約莫半個鐘頭，精彩戲碼上演。暗夜的天空，人的瞳孔已全開，但

3

4

5

6

還是看不出空中動態的全貌。還好，敏感的聽覺讓我意識到草哥已在回家的上空。倒也不是飛行的聲音，是草哥草嫂彼此間共感的通關密語，一種顫抖的哨音，似乎在告知巢中的草嫂：「親愛的，我帶著好吃的回來了！」

草哥在廣闊草原定位，順利降臨巢區時，草嫂的聽覺更勝於我，早就興奮地發出乞食聲回應著，草鴞愈發激動，叫聲愈強烈。草哥通常以腳爪空運獵物，落地後再改用嘴喙叼著，或走或跳或飛躍，宅配送到親愛伴侶的嘴上，有時會發出暖男般溫柔的聲音，看起來超級恩愛。男主外，女主內，也適用於繁殖中的草鴞家庭，彼此分工合作、甜蜜無比。

與草鴞比鄰而宿的初夜，是一種驚奇的體驗，也是享受，讓我有更多觀察草鴞家居生活細節的機會！

1. 基地營
2. 向晚的草原
3. 即便夜幕將垂落，也要躲藏掩蔽帳
4. 入夜後草鴞醒了起飛活動
5. 夜間需要大電量工作
6. 雄鴞叼鼠送禮，發出暖男溫柔聲

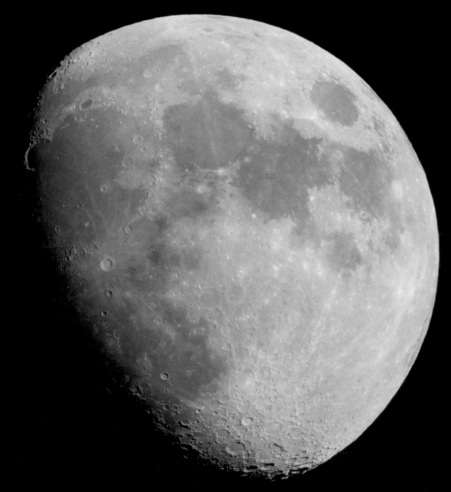

月亮升起
依稀可聽見草鵐鳴唱聲

草鴞媽媽特有的「舉足輕重」

剛出生的小鳥顯得軟弱、不堪一踏。鵂媽的體重大概 550 公克，如果單腳撐著體重，不小心踩到幼雛，沒有斟酌力道的話，剛出生的小幼鵂可能會受創，甚至夭折。

我觀察鵂媽媽要移位換姿勢時，總是小心翼翼地轉移重心，先支撐腳，然後慢慢抬起另一隻腳，試探性地輕柔放下，重複微調，惟恐踩痛幼鵂或踏破蛋。偶而鵂媽也會有不小心的時候，被踩到的小鵂會立即抗議，發出叫聲。

我不是當局者，無法體會踩與被踩的感受，但我感動鵂媽媽那雙銳利腳爪，

1. 母鵂小心翼翼地抬腳
2. 這隻大腳如果踩到小鵂，事情就大條了
3. 利爪武器，第三趾有梳狀爪子
4. 母鵂生怕踩到雛鳥

要命的獵殺武器，卻也可以是溫柔體貼愛撫的手。

記得小時會架鳥網捕鳥，有時會捕到領角鴞，很怕從網卸下貓頭鷹時，被銳利的腳爪抓傷，難怪貓頭鷹可以將大型鬼鼠制服。

草鴞倒勾銳利的嘴喙可以撕裂鼠肉，育雛鳥時也可派上用場。母鴞孵蛋時有時需要換位置，那時就看牠用嘴喙，或勾或翻地挪動蛋。蛋殼是硬的，卻也不堪一擊，力道太大也會破裂。鴞媽媽自然會拿捏分寸，不會損傷牠自己的蛋。

當小小鴞跑出母親的懷抱，媽媽也會用嘴輕柔地勾回母親的懷裏。

1

2

3

1. 利嘴可以撕裂老鼠，餵養雛鳥
2. 利嘴可以拔草和整理巢室
3. 母鴞用嘴幫雛鳥理毛
4. 雛鳥躺在母鴞一雙利爪上面，安詳地睡覺

母鴞伸懶腰，移動雙足的姿勢，一腳一腳來

1

2

3

滾～
吃老娘一腿！

護巢 大作戰

有媽在，別怕！

有壞人，怕怕～

　　草鴞除了夜間飛翔活動之外，大部份的時間都在地面。繁殖期通常在茅草區營巢，呈現甜蜜家庭的狀態，這個階段對牠們來説，守護家庭是天職。

　　剛出生的幼雛連站都沒有力氣，鴞媽媽幾乎寸步不離地在巢內坐鎮，幼雛就待在鴞媽媽的懷抱裡，安穩地成長。

1. 護雛大作戰，美腿和利爪踢飛出去
2. 夜晚時，公鳥外出捕獵，母鳥留守育雛

1

　　草鴞爸媽的守護是一道安全的圍網，一有風吹草動，鴞家爸媽會緊繃神經，起身轉頭，瞪眼查看，確認有敵人出現後，隨即啟動警戒模式。典型的警戒為拱起雙翅，身體左右搖晃，眼睛注視敵方，發出「噠噠」短促單音，或最常運用的「哈～」長音，啟動聲響時，喉部會鼓起，類似氣流壓縮喉嚨，發出如風切吼聲，這樣的行為出現時，就是要防禦、驅趕對方。

　　如果敵方逼近底線，極度生氣的草鴞便發動攻勢，反擊對手。腳爪是草鴞主要武器，通常躍起身子，腳爪往前撲上，身體微後仰，然後回復原位。這種情況通常發生在幼雛剛出生不久，用來對付入侵者。

1. 虛張聲勢？打哈欠啦！　　4. 風平草靜，安歇草地
2. 嚴重發出警告聲，喉部鼓起　　5. 身體後仰，用腳爪攻擊外敵
3. 草鴞警戒時，會拱翅待發　　6. 風吹草動張翅戒備

草鴞的
交配
與愛愛

西拉雅草坡每年至少有三對草鴞成家立業。從感應攝影機記錄得知，1 到 12 月都有交配的行為，秋天達到最高峰。

我覺得不只是動物本能，單為了傳宗接代而已。牠們有點像人類，也會出自相愛而愛愛。即便不是繁殖期的草坡棲息點，也會看到成雙的伴侶同住。

2021 年 9 月 6 日發現 A 巢已有兩顆蛋，過了一週，累計已經達 4 顆蛋。但草鴞夫妻依然夜夜愛愛。

B 巢這一對我以為生完蛋，小鴞出生就不再交尾。然而在 2021 年 11 月 12 日觀察到一夜 8 次交尾的記錄，也是 2021 年最嗨的一夜。

4 顆蛋中的大寶先出生。鴞爸對鴞媽一直愛撫，以嘴親熱、相互理毛、瞇眼享受，自然地的發出呻吟愛語，然後情不自禁地騎上等待中的鴞媽。

1. 交尾
2. 交尾時，母鴞還緊咬著公鴞剛送她的禮物鼠條

　　感性的夜，溫馨的家，像是喜迎新生兒的誕生。一直到育幼初期，這對草鴞夫妻幾乎夜夜春宵。

　　2022 年 9 月記錄的三個巢，其中一個巢曾記錄到一個晚上有 15 次交配行為。接下來，白天也有 5 次交配，總計在 24 小時之內，有 20 次交配的行為。這是我六年來觀察到的最高記錄。

　　交配的高峰期是在入夜之後。交配前，老公通常會先準備吃的禮物，博取老婆歡欣。有時候因為長時陪伴，還沒外出打獵，也會直上。偶然窺見雄鴞泄殖腔收縮，準備交尾。孵蛋期間，當雄鴞打獵回來，送給雌鴞食物，當下也會出現交配行為，曾經看見雌鴞會咬著獵物邊交配。甚至幾隻小小鴞躲藏在母親的懷下，形成三層的疊羅漢。

　　體位同向，公的在上，母的居下，有時雄鴞會以嘴

1. 交尾前，雄鴞通常會用嘴啄雌鴞頭部
2. 草鴞夫婦常常卿卿我我，生完蛋之後，繼續交尾愛愛，而且次數驚人

喙吻雌鴞後頸和頭部，踩上背部改換坐姿取得平衡，扭動尾部讓泄殖腔相遇，摩擦受精，同時各自發出呻吟或興奮叫聲，交尾的時程大概 20 幾秒。

從記錄觀察看來，草鴞的交配行為，不只是以傳宗接代為目的，因為若大多數蛋都孵化破殼，甚至已經進入育雛階段，這樣的交配行為就不是為了生蛋。因為孵蛋約 32 天才破殼，若已經破殼出生，又同時要下蛋，育雛會很麻煩，也不曾記錄過這種現象。

觀察其他的草鴞家庭，也都有相同的行為。在此，我只能就拍攝觀察到的記錄分享，至於草鴞的愛愛行為模式，跟牠們的生存、物種的習性等關連，只有等未來，讓草鴞繼續跟我們解密了。

雄鴞的定情物—白頭翁

前面提到草鴞的主食是老鼠，其他像鳥、青蛙倒不常見，但是，求偶期到生蛋期比較有機會看到雄鴞抓

1. 白頭翁
2. 這隻求偶新婚的公鴞，罕見地抓了白頭翁，回家給母鴞當禮物
3. 羽毛床

82

回白頭翁，這令我感到相當特別，感覺上，像是一種定情禮物，雄鴞好像是在向雌鴞展示自己的獵捕能力。

可想而知，當雄鴞送禮之後，棲室滿是白頭翁的羽毛，因為享用前，要先拔毛啊！然後呢，這些羽毛也不浪費，鋪滿巢室，妝點鋪成羽毛床的樣子。

3

05 原來不是激情過度

1

為了某個生態講座的簡報製作，把關於草鴞的硬碟再翻出來。每次要從龐大的資料庫裡尋找關鍵畫面，都是費時的工程！

就這樣發現 2018 年 5 月 29 日感應相機捕捉到兩個耐人尋味的畫面。畫面顯示，這個棲息點已經被監測一個多月，草鴞有時落單，有時成雙，而且看來頗恩愛。不過，我判斷這只是偶爾棲息的點，而不是巢。因為從記錄到的環境變化、時間顯示看來，草鴞並沒有天天回來。有時在，有時相隔 3、4 天才看到鴞影。

這個棲點的門口，剛好杵著一只斜跨的樹枝，幾隻阿草喜歡跳上去練平衡，甚至，有時會頑皮地躍上攝影機站著四處張望。白天總躲在草叢內的「草底之鴞」，終於等到天暗，出來活動了。

529 這一夜，當年乍看之下，狀似兩隻草鴞激情地以嘴互啄，狀似親吻，所以當時在過檔時，將片子命名為「草鴞激情過度」。沒想到時隔 4 年後再度仔細查看，感覺不對勁！兩隻草鴞翅膀都拱起、張開，以嘴喙相互咬起來，感覺像激吻又似嘴鬥。

2

我重新解讀：是原棲點的草鴞利用腳爪，撲向另一隻亂入的草鴞，而且發出尖銳類似打架的叫聲。下一個鏡頭就是驅逐後回棲點的畫面。

儘管畫面是黑白的，我認為是打架的行為。可能是另一隻阿草前來示愛，卻遭拒絕；又或者是路過的入侵者，侵門踏戶，被驅逐。沒人知道真正答案，這段忠實的現場直播，給觀看者自行想像的的空間。

4 年前以為兩隻草鴞在卿卿我我，沒把影片看完，就命名「激情過度」，當作是浪漫愛情動作片，4 年後發現

原來是誤會一場。

心有所悟，科技日新月異，帶來很多便利，讓有心從事生態記錄者工作，更有效能。但掌握這些器材的便利性與機械性之餘，更要有細致檢視、求證的耐性。要綜觀畫面前後對應的因果關係，避免落入斷章取義的誤解，因為科學的辯證總得小心求是，不然像我 4 年前後的解讀大逆轉，自己打臉，糗了！

1. 起初少年鴞以為是親鳥，發現不是後，當下驅逐外來者
2. 把老鼠去掉就吻合劇情？其實是親子交接食物的激情！

雄鴞從草原回家與雌鴞相見，有時會很自然地跳起草鴞舞。感覺很可愛，又很親密。鴞郎從草原回家與鴞郎妻見面，也會開玩笑地舞動，模擬草鴞逗趣的行為。

透過觀察，我發現可以把草鴞許多行為、動作，編成趣味好玩的動作或舞蹈，讓社會大眾更進一步地認識草鴞。

我和太太麗君曾嘗試在 2022 年的「西拉雅播種節」跳這支草鴞舞，讓更多人認識草鴞的可愛。後來因為 Covid-19 疫情，取消活動，沒有跳成，期待未來，還有機會。

影像紀錄草鴞各種動作，並預備創作成草鴞舞：

一起來跳
one more ~
two more ~
草鴞舞

A 轉頭式

貓頭鷹眼睛不會轉動，但頸部可左右轉 270 度、上下 90 度。歪頭向左 45 度、歪頭向右 45 度。有時彎腰，一下側左臉、一下側右臉。

B 親嘴式

草鴞伴侶情感優，會互相以嘴喙理臉毛，左右開弓，甚至親嘴，也會發出叫聲。

夫妻相對微笑，向左斜臉凝視對方並點頭，向右斜臉如上，不斷重複。

C 便便式

從小草鴞到老草鴞，吃完肉、消化後會排泄。排泄有一定的流程動作：先向後退幾步，蹲坐草地，同時舉翅，搖擺屁股，噴射排放，同時發出聲響，最後起立縮翅，快樂往前走。

D 抖翅式

草鴞在草叢巢室休息久了，會突然起立，快速抖動翅膀，並發出聲響。

E 警戒式

草鴞遇到天敵或干擾，會發出類似喉嚨氣流聲，並拱翅，身體左右搖擺，也會瞪眼目視天敵，發出短的 Ha 聲及 Tak 聲。

F 開動式

母鴞在喚醒幼雛準備餵食時，會發出類似發不動引擎的抖音，仿佛在呼喊：「吃飯囉！」連帶身體也會抖動。

G 伸展式

休息太久會站起來，同手同腳，慢慢地向身體斜後方伸展開。

草鴞在大白天的生活

「日出而作、日落而息。」是人類的作息，貓頭鷹剛好相反，白天休息、夜晚活動。而「鵂鶹」是少數會在白天出來活動的貓頭鷹。

廣闊草坡上，大型樹木幾乎屈指可數，炎炎夏日若是在那裡走動，絕對沒有幾個人撐得住。暴曬下，體感溫度比其他地方高很多，若是還要爬坡穿梭，不中暑才怪。不過阿草卻能巧妙又安然地躲藏其中，是經過自然演化，變得心靜自然涼？還是牠的天生癖好？

1. 鴞寶寶站著度咕，有時太過放鬆而跌倒
2. 茅草屋頂日漸稀疏，幼鳥過熱張嘴散熱
3. 鴞媽媽用嘴幫鴞寶寶理毛
4. 守衛雛鳥

我應該專程去量測巢室內與巢外曝曬的溫度，說不定巢室冬暖夏涼呢！

新的巢房屋頂通常較茂密，足夠躲藏遮陽。只是日後經過風吹雨淋，以及家庭成員推壓踩踏，甚至草爸有時會瀟灑地從屋頂垂直降臨，巢房終究會逐漸殘破稀疏。此時鴞媽會在旁邊追加巢室，一個多月大的幼鳥也會自行窩藏，自成新的巢室。

觀察者我覺得取之自然，觸手可及，用之不盡，真正簡樸便利，自然環保。

有些家庭遲遲不更換原巢，將就著用，等陽光穿透了，才一直閃躲，然後嘴巴張開不停地散熱。想必內心有所後悔。有時候，鴞爸爸會藏在更隱密、不被太陽看到的草叢深處。

白天對草鴞而言，沒有太大優勢，除了豔陽，還危機四伏，需要更敏銳的警覺性，不管是、蛇、人、貓、狗都是主要的威脅。

如果沒有入侵者，在悠哉閒適的情況下，草鴞家庭白天多半在休息睡覺，或利用時間做日常的羽毛梳理、排便、吐食繭、抓癢。吃不完的隔夜鼠肉，也會利用白天慢慢享用，甚至在生蛋期也常常有交尾的行為。總之，草鴞有的是時間！相較於忙碌的現代人，沒有的也是時間。

1. 剛破殼的巢室尚完整，不用躲太陽
2. 看起來像散熱，應該是同時打哈欠
3. 抓癢
4. 餓了就繼續吃昨晚的剩菜

3

4

06 小心有雷

草鴞拍攝始於 2017 年底，當時尋獲記錄的巢位只能算是試水溫。2018 年算是拍攝草鴞最辛苦的一年。為了謹慎觀察，完整呈現草鴞生命史，至少得再多找幾個巢來充實資料庫。然而太多不可抗力的困境，必須靠自己摸索克服。 頭一個難題即是草海茫茫，不知草鴞何處藏？

歷經 9 個月密集走訪踏尋，循著一點點脈絡的蛛絲馬跡，慢慢地整理出一些頭緒，這才拼湊出草鴞擇巢的特性。但這時，老天給的考驗像連續劇一樣，每天都很有戲碼，譬如

草鴞記錄的樣區風雨交加、雷電不停……，若不是我一心只想儘快找到草鴞巢，不然怎會沒有懼怕？

難忘的 2018 年 9 月 5 日，一個熱對流旺盛的午後，我目擊一道電光閃電般「熱吻」了一棵相思樹！

開闊的草原是雷擊高風險區，特別是空曠處的高點。而我為了尋鴞，常走在草坡陵脊上，無疑是高點上的至高點。所以雷雨交加時，我常常見證造物者掌理自然的奧秘威力。

　　烏雲籠罩的陰暗大草原，霎那間是過曝的光亮、是恐怖的一決生死，既像天堂，又像地獄。說也奇怪，我心一無畏懼，但絕對不是白目的挑戰，可能有一點點的卑微順從吧！安穩站在穹蒼之下、地土之上的一隅，進行縮時攝影，一邊欣賞在我眼前瞬息的莊嚴壯麗。

　　其實在那當下，我只戴著帽子，順著天候，任由風雨濕透了衣服，讓汗水被雨水稀釋到 0.0001。這是每天午後經歷的日常，是夏天常有的事。如今回想，實在輕率魯莽，就算不為自己的安危，也當為家人至親，保重自己。

　　當時在大雷電的閃光巨響下，那棵距離我不到百米的相思樹，如今已成為無毛枯枝倒在地上。試想，若是那天打在人身，肯定會灰飛煙滅或變成黑炭吧！

　　奉勸野外工作者，一定要警覺，並遠離如此氣候陡降的風險啊！

1. 颱風雨草坡工作
2. 就是這雷光嚇死寶寶
3. 雨中泥濘就是滑溜
4. 風雨中易滑倒
5. 被雷命中的相思樹已枯乾

飛行

夕陽落下地平線，夜幕緩緩降落的夜晚，夢幻物種就要登場……。從棲息的草叢中躍起、展翅升空，入夜不久，然後在巢區上空繞圈。有時會飛上附近的突出物，像是在水泥柱停棲等待獵物，有時飛走，離開我的視線範圍。

96

1. 公鴞捕獲老鼠，飛回降落
2. 彈簧腿起跳，可垂直飛起
3. 起飛排出白色液體，拍翅聲音清晰

科學家說貓頭鷹飛行幾乎無聲，不知道這說法的由來？但是我清楚地聽見草鴞飛起拍翅，清晰地傳來耳邊，而且聲音不小，當草鴞振翅降落時，也會有風切聲及落地響聲，這些也都記錄在我的錄音裡。不過，草鴞在上空飛行滑翔時，人耳確實較難聽出聲音。

草鴞腳長有力，如彈簧腿，從草地起飛，不用助跑，直接屈膝彈飛，自在垂直起降。這副英姿在遇到驚嚇，從草叢竄出時，有時會誤撞糾結的藤蔓，起飛失敗，落得重新起飛的「落漆」窘況。草鴞受驚嚇而飛離草叢，大概有九成會在起飛的瞬間，連帶噴出白色排泄物。這種驚嚇後的排泄，通常是先排泄再起飛，有時也會在起飛後空中排泄。

「起飛吧！草鴞」紙上電影院

01

白天有時會有獵人在茅草埔捕捉野兔，草鴞受驚
嚇會飛起，在上空繞圈圈，然後盯著獵人看，隨即
飛離。所以，通常草鴞白天不飛，會在白天看見飛
起來的草鴞，通常是受到外來侵擾。

根據臺灣專家的衛星追蹤發現，草鴞一夜可飛行數十公里，這代表牠可以在附近農家的田地裡找食物，也可以飛到比較遠的地方，牠的飛行能力算是不錯。

我無衛星定位裝置，但有一次幸運的機會，好像是上帝在幫我定位，遇見一隻被我觀察記錄過的草鴞，那時才 3 個月大，竟然在牠離巢學習獨立後，某一日飛離家園 9 公里外的另個樣區，被我遇見了。那天驚訝這個少年仔竟然有這樣的飛行能力。

1. 草原上空繞圈圈的少年鴞
2. 向晚草原上飛行的鴞
3. 白天被擾動，比翼双飛的伴侶

珍貴又罕見的粉口蘭

之所以稱「草鴞」是跟「草」有什麼關係嗎？顧名思義，草鴞生活在草生之地，自然跟草有密切關係。

貓頭鷹通常在樹林棲息活動，會使用天然樹洞生蛋、育雛。草鴞很獨特，在草地上棲息、營巢、育雛，特別對白茅草情有獨鍾，這是我從 2017 年到 2022 年，在西拉雅草坡觀察到的心得。

白茅草頂生花序種子

草鴞與
白茅草

這幾年，我觀察記錄了近 20 個新舊巢室，棲息點則超過 50 個，都在草原的草叢裡。草原有各式各樣的類白茅草，是禾本科的草，不都是白茅；也可能夾雜其他像鹽膚木，以及外來入侵植物美洲含羞草、香澤蘭、銀合歡。這裡還有許多稀有的原生植物，像胡麻草、高雄獨腳金……等。其中以極罕見的「粉口蘭」最受矚目，等同動物界的草鴞那般珍貴。

草鴞的茅草屋

2019 年 3 月，我慣例在西拉雅草坡進行地毯式搜尋。行進間，在廣闊的草原被一片粉紅色的花給吸引住。萬綠叢中一點粉，若不是粉紅花色醒目，差點當她是不起眼的雜草。幸好我拍照上傳，請教好友「植物獵人」阿改，最後是天詮大師告知：「是極罕的粉口蘭」。換言之，我是首位在台灣本島發現粉口蘭蹤跡的西拉雅人！

5 月白茅花海對比火燒後三棵無毛樹

回到主角白茅草，白茅草的葉片柔軟，葉緣有微毛刺，卻不至割傷皮膚。草鴞巧妙利用嘴和腳來抓取、撕裂、踩踏茅草，自成一個茅草屋。有些草屋隱密完整，無破損，有些略成半開口的隧道，每一個巢都是草鴞DIY，築成獨一無二的茅草屋，用完即還給大地。

曾文溪流域甜根子草，也算是棲地之一，
稍等一下夜幕低垂，草鴞即將上場。

1

2

1. 白茅草原棲息點的柔軟羽毛
2. 鵐媽以嘴及腳爪撕裂茅草營巢

人行走在茂密交織的茅草坡，上身不停往前傾，腳步受困，無法跟進，就會不斷跌倒。草鵐有一雙長長的彈簧美腿，還有一對如人類巧手般的翅膀，手腳並用地追趕跑跳碰，在草坡迷宮中穿梭自如，難怪牠們喜愛這片草原。

05

1

2

3

棲點 與 巢室／不同之處

專家所說的名詞—「日棲點」，在我個人觀察下，「日棲點」也是夜棲點，因此我會說棲點或棲息點，因為草鴞晚上也會短暫休息睡覺。

若是隱密、安穩、自在，有時會待上兩個月或更久。反之，當草鴞受干擾或轉移覓食區域時，牠會離開棲點幾天再回來。特別是當草叢被踩踏，或天天被天敵干擾，就不太會再回來。

巢室是下蛋、孵蛋、育雛的地方，比較講究一些。草鴞夫婦喜愛有大片白茅草，可供隱藏、遮陽，以及排水良好的微斜

4

坡。牠們會用嘴喙、腳爪，甚至翅膀，逐步整理巢室，每個巢室不盡相似，就環境現況來調整巢室。巢室也是交尾的所在，母鳥通常會發出溫柔的呻吟，引起雄鳥前來交尾。

1. 廣闊的白茅草坡是草鴞繁殖的樂園，300 米就可以有一個巢
2. 完整，尚未被踩踏的白茅新娘房，「你有看到我嗎」？
3. 視線穿透白茅門簾，白臉母鴞已進住產房
4. 這個巢室並不理想，雛鳥下午微曬到太陽，正張嘴散熱

07 又愛又恨白茅草

1

為確保作物產量,多數農夫會選擇以慣行農法,有效達到預定的產能,且輕省耕地的管理工序。除草是農園管理的日常必要工作,而白茅草是農民頭痛的雜草,因生命力旺盛,用火攻、用刀除或用力拔,卻愈長愈茂盛新綠。

近年興起一股「假日農夫」的體驗熱潮,對一些禁錮在水泥叢林的人來說,能做「一日農夫」,短暫享受蒔花弄草的快樂,感受泥土的芬芳,實是愜意的休閒活動;一遇見迎風搖曳的白茅草,無不感到詩意浪漫。然對那些終日在耕地裡討生活的的農夫來說,白茅草實在令人頭痛,光是照顧作物就已經夠費神了,還要時不時地出動割草機,就更燒時耗力。索性除草劑一噴,寸草不生,也就難怪土壤落入惡性循環裡。

我在一片享受樂活的農地上,種植數十棵檸檬樹,時常雜草漫生,不知為什麼落地生長的白茅草長得特別勤,比檸檬快?夏季雨水助長白茅恣意橫生,淹沒了檸檬樹的腰際。經常才割完,不出兩週就又是一片茅海,儘管如此,我還是從未用過除草劑。

沒空除草，就讓它去長。我常自嘲：這般放肆的雜草景象，要是被我那不容許耕地上有一根雜草的丈母娘看到，絕對被碎碎唸到不行。

常在我心裡想的題外話是：倘若從事生態環境保育的學者能歷經農事，或許較能感同身受農人面對野草除不盡的無奈，或許會有更好的具體策略。換言之，宗教界傳教者，若能花更多時間走進庶民的生活，體驗工作中百般困境，在講台上傳講的真理，應該更有說服力、更能彰顯真道吧！

再回頭來談談白茅草，白茅是昔日

西拉雅族極重要的屋頂用材，傳習西拉雅先民的智慧，就是被取材構築成為冬暖夏涼的茅草家屋。大約 25 年前，為了蓋自己居住的家屋，我與父親手建在地的西拉雅茅草屋。樑柱嚴選質地堅韌的在地「刺竹公仔」，屋頂角材及牆壁窗戶選取長枝竹。

1. 西拉雅熟女採收白茅草
2. 五月的白茅花海
3. 1994 年綠谷居家重建茅草竹屋
4. 教會接待竹屋族人放伴建構
5. 行走荒草坡非一般人可勝任

冬至前後是砍伐竹子的最佳時機，因此時的竹子較耐久而防蛀蟲。這些工法來自祖先的智慧傳承。父親教授拔茅的技巧，手拔的草比較長但耗體力，台語的説法叫「長短籤」，意思是將茅草分成幾個部分，而且不等長度，手握大把茅草上端挽一圈，往斜上拉拔，利用時間差，依續「有勢面」地用力拔起，當聽見茅草根拔出土的連續清脆斷裂聲，就很有成就感。

通常天方亮，就得到茅埔採集，趕在炎日之前完成工作。徒手拔白茅草，靠的不是蠻力，而是撮著茅草的位置、拽起的力道、懂得持久蓄力。

年輕時雖然有力，卻無法持久，一到下午，大都已筋疲力盡、腰酸背痛；而父親依舊老神在在，從容不迫，不愧是有智慧而老練的西拉雅勇士。茅草剛拔起就要攤開曬太陽，然後再一捆一捆地綁好庫存，避免雨水和露水侵蝕，受潮發黴。

蓋屋頂更是一門技能，草桿一律同向平行擺放整齊，稀疏濃厚要恰好一致，因雜亂橫躺的茅草是滲漏的害群之草。屋頂的設計愈斜，角度愈大，排水愈好，反之，就愈有漏水之虞。固定茅草的壓條 Aat-á，綁的 hm̂-teng bî-á 都是竹材，所以要隱藏於

5

茅草底下，以避免日照雨淋，提早腐爛。

　　昔日西拉雅族人會預留茅埔，甚至火燒雜草，讓茅草重新長好長滿，形成純淨茅草埔。屋頂兩三年翻新或部分整理，部落族人互相「放伴」Paǹg-pōaⁿ（注），彼此支援、人情濃厚是同甘共苦建茅草家屋下的一種美。

　　茅草也是常用藥草和涼茶食材。孩童時期沒什麼零食，總會取用茅草地下莖（類小甘蔗），吃起來微甜，談不上滿足，就只是自找自樂的童年趣事之一。

　　有人視白茅為惡毒雜草，有需求的人尋尋覓覓卻不可得。造物主創造萬物各有特質、各有角色，當白茅草消失，草鴞應該是最想抗議的先民吧！

（注）：paǹg-pōaⁿ 是台語講法，意思是我家有農作工活，鄰居來幫忙。改天換我去幫其他有需要的鄰居。

08

相信大部份人已經聽說，草鴞主要是吃老鼠。沒錯，草鴞就是喜歡吃各種老鼠。包括最兇且粗壯的鬼鼠。說到鬼鼠，在早年食物匱乏的年代，牠可是淺山人獲取動物性蛋白質的來源，是部落裡大人、小孩都愛吃的山貉（也稱田鼠）。

老鼠，是家常便飯

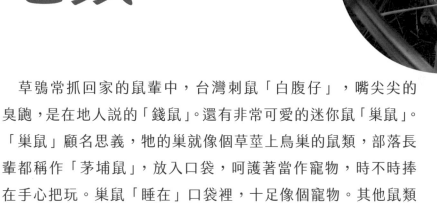

草鴞常抓回家的鼠輩中，台灣刺鼠「白腹仔」，嘴尖尖的臭鼩，是在地人說的「錢鼠」。還有非常可愛的迷你鼠「巢鼠」。「巢鼠」顧名思義，牠的巢就像個草莖上鳥巢的鼠類，部落長輩都稱作「茅埔鼠」，放入口袋，呵護著當作寵物，時不時捧在手心把玩。巢鼠「睡在」口袋裡，十足像個寵物。其他鼠類包括赤背條鼠、小黃腹鼠、溝鼠……，凡鼠必吃，連眼睛尚未開的幼幼鼠也被帶回。

但樹林中的松鼠就不曾出現在草鴞捕獵的菜單中；極少記錄到青蛙及鳥類，絕大多數還是鼠輩。說到這裡不難發現，草鴞真的是替人類滅鼠的益鳥，這是我個人的看法。但更正確的角度，應該說，動物就是各取所需的食物鏈關係，相互依存，也相互牽制，成就自然生態循環系統裡的平衡。

1. 老鼠是主食
2. 極罕見抓青蛙回巢
3. 嘴對嘴交接
4. 偶而也會帶鳥肉換口味
5. 不是老鼠的臭鼩錢鼠
6. 公母交接食物會很激動

顧家的公鴞一晚通常要捕獵
7 隻老鼠，才夠一家大小吃

捕獵與餵食
step by step
▼

2
黑夜武士降臨

3
公鴞叼著獵物回家

4
母鴞興奮地發出聲音，迎接老公

1
母鴞感應到鴞爸返家的聲音，發出乞食聲

5
公鳥把獵物交給母鴞

6 興奮的母鴞咬著不放

10 處理食材，以利嘴撕肉

7 老公回來了，要相親相愛一下

11 先餵小寶寶

8 雙腳併攏踩住食物，才能以嘴撕肉

12 晚上吃不完的，白天繼續吃

9 好吃的部分留給幼雛，媽媽負責吃鼠頭

13

7

8

「鼠條」的頭去了哪裡？

育雛初期通常都是公鴞外出打獵，肩負草鴞一家 5～7 口的食物。牠通常會在入夜約半小時後，就開始去捕獲，一晚抓回 5～12 隻老鼠，有時甚至間距不到 10 分鐘，就帶回一隻小鼠，猜測是找到同一窩的老鼠吧！

抓回來的「鼠條」有時沒有「頭」，為什麼呢？我猜想應該是鴞爸爸先吃掉了。或許是怕初齡小小鴞難吞食過大的鼠頭，但是，小老鼠通常就不去頭被完整帶回。這就是天下父母心吧！好吃的總留給小孩。

沒騙你，草鴞吃「全」鼠，內臟、頭都吃。很有母愛的鴞媽會把上等鼠條，撕成小塊，餵養小小鴞，小鴞通常要吞食很久，牠們的吞食能力也是慢慢訓練出來的。

1,4,5,7. 有時，公鳥帶回的老鼠，已經無頭
2. 母鴞吞食鼠頭
3. 雛鳥試著吞小鼠頭
6. 吃內臟
8. 隔夜的無頭鼠

11

吐食繭 ？

什麼是「食繭」，為什麼草鴞會吐出食繭呢？

草鴞是肉食主義，吃下的獵物經過消化，轉成白色液狀的胺基酸，從洩殖腔排泄出來。至於無法消化的骨頭、毛髮、羽毛、牙齒，壓縮成固體從嘴巴吐出來，這就是所謂的「吐食繭」。

咳～

棲息點的黑金

2017 年 10 月 7 日，首次看到約 10 日齡小鴞吐出食繭。這隻小小鴞一跛一跛步履蹣跚，重心不穩地走出巢口。然後張嘴搖搖晃晃，不一會兒功夫，小小「黑金」應聲落地。

之所以稱「黑金」，因為它是解開草鴞食性機密的要件。野外不易發現草鴞，更不用說觀察到草鴞獵食，於是退而求其次，藉著食繭分析，了解牠吃了些什麼？

12

1. 巢區數十顆乾燥的食繭　　2. 母鳥在巢邊吐食繭

　　我從未做過食繭分析，完全是藉由影音，記錄草鴞父母獵回的動物，而得知牠們的食性。

　　育雛期的巢區可以發現數十顆食繭，鴞媽媽有時也會在巢邊吐。另外，草鴞的棲息點也常常發現到食繭，通常數量愈多，即可推測這個棲息點的使用率愈高。

　　若是沒下雨而食繭濕黑新鮮，推測阿草近期在使用這個棲息點，反之，食繭乾燥，經過日曬雨淋而破損，棲室或巢室長出新草，也無踩踏跡象，顯示阿草早早離去，不再復返。

　　吐食繭並非天天可以看到的「脫口秀」，經泄殖腔排泄噴屎的動作，反而顯得頻繁討趣。說真的，白色屎是比較夠「味」，食繭就清淡多了。

幼鴞吐食繭

step by step

4

42 日齡吐食繭，瞬膜順勢合起

1

草鴞沒牙齒，採取仰頭吞食

5

黑金落地，如釋重負

2

催吐中

6

食繭中的毛骨

3

吐食繭在巢邊

13

愛乾淨的草鴞

跟其他鳥一樣，草鴞也會洗澡，我看過牠洗澡，
但是那次沒拍到。

1. 外出洗澡，剛回巢的母鴞
2. 母鴞整理羽毛
3. 下雨時，雛鳥也享受淋浴
4. 68日齡的幼雛，在雨夜裡洗澡

剛下起雨點，草鴞雀躍地望著天，然後展開雙翼迎著雨珠，這次牠不用特地去找水場浴池，這場從天而降的雨水，讓牠爽快淋浴，順勢整理羽毛。

草鴞的巢裡巢外，殘留著日積月累的食繭，草鴞媽常用嘴撿拾食繭，順勢往外一丟。我覺得這是與生俱來的能力，畢竟天天被食繭擋路、占床位，怪難過的，順「嘴」清理一下巢室，順暢乾淨，也不礙眼。

同樣是貓頭鷹，各有自己清潔門戶的方式。以領角鴞為例，領角鴞的巢大多是封閉型的樹洞，除了洞口，小小領角鴞應該只能把屎排在洞穴或洞壁了。

　　草鴞排便時，特別有趣的是會倒退到巢室邊緣或巢外，然後坐蹲草地，舉高雙翅，搖擺屁屁，洩出白色液體，還夾帶屁聲。雖然屎也是落在巢室附近，不是遠離巢區，至少動作確實到位，便便技巧的確是可圈可點啊！

　　飽餐一頓後，草鴞有時會在草地擦拭嘴巴。吃剩的肉，通常會引來螞蟻聚集享受。草鴞媽媽常用嘴喙在巢室底層又挖又啄的，看不出是在鬆軟床墊，還是在啄殺螞蟻，更或是另有玄機？

　　鼠肉的腥味也容易招引蒼蠅，鴞媽媽通常不理會蒼蠅，三不五時覺得煩，才憤而驅趕。

　　有時候草鴞會突然「極速抖翅」，這種行為有時會造成小風暴。我拍過大冠鷲抖翅，逆光下極明顯的微粒粉塵。也許鳥類是靠這樣的震動，將身上的髒東西或寄生蟲抖掉吧！？

1

2

1. 排便時屁股會朝向巢邊
2. 挖草挖土
3. 咬食繭，預備丟到巢外
4. 快速抖翅甩頭

經常觀察到草鴞善用腳爪，抓耙頭部及如猴面的臉，而且很用力地抓耙，我清楚地聽到頭皮被抓的聲響，我稱之為乾洗頭。

日常的理毛、順羽要靠嘴喙的慢工細活，用充足的時間梳理全身的羽毛，甚至做足部的整理。

草鴞也許喜歡乾淨，重視衛生，不過牠的念頭並非我們的念頭，這只是我的個人觀察所得。

猜猜我在洗澡？
還是在便便？

1. 對臉部寄生蟲，必須快速搖頭擺脫
2. 用餐後擦嘴
3. 突然起立用力抖翅，狀似抖掉身上的灰塵雜質

126

4 屁股蹲坐，翅膀上揚，衛生乾淨

1 草鴞排便時，翅膀拱舉，退到巢邊，屁股向外

5 略大的雛鳥，翅膀拱舉完美，其他手足正在欣賞他排便

2 媽媽示範過了，雛鳥正在學

6 看來大家都會了，衛生股長檢查完畢

3 小妞也知道排便要後退到巢邊，屁股對外

16

08 從小鴞排便憶起西拉雅童年

看草鴞排便，趣味十足。出生不久的小小鴞，雖然吃不多，消化後還是要排泄。牠重心不穩地從巢室一拐一拐緩緩地倒退，退到巢邊，蹲坐時順勢將雙翅撐開舉高，然後左右搖擺屁股，隨即噴出白色液體，發出如放屁般的聲響。也常常發現，小鴞會坐在茅草叢中搖擺屁股，疑似擦拭屁屁。

回想我小時候，民國 50、60 年代，物資缺乏，住在西拉雅淺山的人，排泄少有衛生紙可用，頂多是用日曆紙，而且都省著用。要不然，就是就地取材，劈成竹片。若是在山林活動，臨時內急，樹葉、樹枝、甚至土塊都會用上。

記憶中，總會聽到「緊屎」的西拉雅人，在柚木林下快走，踩踏乾而脆的枯葉層，大夥便隨即意會，知道他找地方解放去了。解放後，西拉雅人會順手摘下胭脂葉擦拭屁股，寧願血跡斑斑紅了屁屁，也不願髒髒臭臭沒衛生。柚木在地，俗稱胭脂樹，搓揉嫩葉，會滲出紅色汁液，故有胭脂葉之稱。

早期部落家屋的衛生設備並不盡舒適完善。茅房通常設在偏離住家的另一山腰，味道才不會直接衝鼻而來。

排泄是動物的日常，愛清潔重衛生，不全然是人類專屬的優越，也許各樣物種都有一套適合自己的方式，方便怡然。

09 蜂險之一

在遼闊的草坡探勘,「蜂」險還是存在的。當草鴞進入繁殖初期,也是巨大虎頭蜂巢出現的高峰期,我很容易遭遇狂蜂攻擊。黃腰虎頭蜂還算溫和,但臥藏茅草叢的蜂巢,總是出其不意地被我撞見,還好眼尖都能即時閃過、跳過。

2022年秋天,一個小小野蜂巢正好築在草鴞的巢口。每次傍晚與草鴞「面會」時,總會被螫一下,如打針般刺痛。基於尊重生命,我沒有想過破壞蜂巢,驅趕牠們。直到被蜂針螫了第五次,正中上嘴唇,感覺痛到連心臟都痛,真是要命。

有了這次痛到變成「香腸嘴」的經驗,就無法再忍受蜂的攻擊,只好技術性地的請牠們搬家了!

1. 幼鴞後退,出巢室邊便便
2. 幼鴞跳起便便舞,其他鴞會注視觀賞
3. 草叢內的虎頭蜂窩,疑似遭遇蜂鷹攻擊
4. 草鴞巢區門口的野蜂
5. 東方蜂鷹喜愛蜂蛹

人與人之間的對話都無法百分百清楚了解，
人對各種鳥聲的意義解讀，必然也還有很大的探索空間。

五種西拉雅貓頭鷹的
鳴唱聲

台灣有 12 個種類的貓頭鷹，西拉雅淺山留棲性的有 5 種，這 5 種貓頭鷹都各有不同的警戒聲、乞食聲，不同角色的對話，看多聽多後，就稍稍可推敲當下情境。這裡簡略的介紹這五種貓頭鷹的典型叫聲。

褐鷹鴞
紋理氣質似白天猛禽

　　褐鷹鴞叫聲為連續 452 的滑音，音高會
因為個體差異有所不同，大約落在 F5。

18

鵂鶹
台灣個頭最小的貓頭鷹

　　鵂鶹體型雖小卻兇猛，日夜都活躍。我特別愛學牠叫，忽－忽忽－忽——，忽忽－忽－，音高大約是 B5 左右。這是鵂鶹典型的曲子，然後一再重複。

　　中海拔的山鳥只要聽到附近鵂鶹出沒叫聲，總會結隊開啟戒備模式，在樹梢上不安地又叫又跳，逐步逼近鵂鶹，試圖驅趕，強烈表達不歡迎。畢竟這小型貓頭鷹是不好惹的掠食者。

　　當然了，附近的真鵂鶹聽到我模仿的鵂鶹呼聲，也會前來回應。可能學得太像，山鳥也陸續集結，發出生氣戒備的叫聲，所以我便會點到為止，不至於過度干擾。

黃嘴角鴞
擁有獨特如哨音的呼叫聲

黃嘴角鴞的呼叫聲，通常是一組兩個音節的噓－噓聲，音高大約 G6~A6 規律的節奏，不急不徐，持續不斷，時常有不同音高的其他幾隻在林中呼應，狀似輪唱。牠的叫聲很好模仿，想像跟牠們是同夥的，在第一隻起調時，我便不自覺地噘著嘴呼應著。

五種西拉雅貓頭鷹的鳴唱聲　133

領角鴞
最親近人類也最常見

　　領角鴞是最常見的貓頭鷹，鄉下在地人會稱呼 ko˙- n̂g(姑黃)。典型叫聲類似 ku7~4 的滑音。音高大約從 B5 滑落到 F5，這種典型叫聲大約是 8-12 秒叫一次。

　　約 20 年前，我以台語四句聯念謠，藉由在地野鳥的聲音特質及生態行為，寫成簡易 30 種野鳥台語的鳥仔歌。其中的領角鴞那段這樣描述：「看到姑黃貓頭鳥，肚猴四腳會起痟。飛來飛去靜 Chiu-Chiu，清靜暗冥一聲 ku」。

　　領角鴞介紹請見本書「與草鴞共域生活的領角鴞」。

東方草鴞
本書主角，貌似猴臉，俗稱猴面鷹

草鴞典型的鳴叫聲，有如吹哨子的顫抖聲音，最高音約落在 E7 前後，有點類蟋蟀的蟲鳴。這 5 種貓頭鷹的叫聲，尤以草鴞最特別，難以揣摸，也最罕聽到。

草鴞俗稱猴面鷹、蘋果鳥，西拉雅語稱 Aturaturaw，諧音：阿度拉度咾！我猜想，會不會是老一輩從牠特殊顫抖的哨子音，來為牠命名呢？西拉雅語「R」的特殊彈舌子音，猶如猴面鷹典型顫抖音，也是我鴞郎，朗讀西拉雅語，傳唱西拉雅歌謠的絕活。

草坡及溪流高灘地是捕抓野兔的獵場，獵人因為與草鴞不期而遇，草鴞突然飛起，早期的西拉雅獵人以為牠會吃兔子，因此把草鴞稱為「兔仔鷹」。部落族人為了更新屋頂，前往預留的茅埔拔茅草，為此也不期而遇猴面鷹，所以又稱草鴞為「草埔姑黃」！

12 尋鴞伙伴：重型越野機車

80年代，西拉雅九層嶺部落裡的青年，幾乎是人手一輛 DT 越野車。整個淺山乃至緊鄰的惡地形就是極限越野練習場。無論是爬樓梯、拉獨輪、過溪流、行獨木橋、騎沙灘、下爛泥巴、無路的陡坡……，部落青年練就人車一體的操控技術。

曾經和部落伙伴遠征出雲山，車跡漫遊深山林道，隨著年記漸長，各有家庭、事業就自動解散。惟獨我先後已換了 4 輛，因為我喜歡往山裡跑，也需要進內山收錄自然音，而越野車機動性佳，常常需要靠它陪伴，深入內山工作。

2017 年啟動地毯式尋鴞，靠著越野車越嶺翻山、下溪床，走遍台南有茅草的地方。2018 年確定樣區，是片無路的曠野山丘。我畢竟年過半百，膽大的勇猛不再，此車太重，若無法騎上陡坡，萬一不小心車倒了，很難扶起車子，重新上路。考量再三，不惜成本，為了後續的長期記錄就又換了較輕的 cpi250。

只是，這款的輪胎不是巧克力越野胎，每次下雨，路上滑溜，總是摔車。換成兩用胎後，依然滑，説

2

到底，記錄樣區不是草就是土的泥濘之路，常常只能自己跌倒自己爬，要不然就是捨機車、穿雨鞋，靠雙腳慢慢爬，爬到天荒地老！

在 2021 年 11 月，騎越野車撞進鐵絲網的中網事件後，因為沒留意車險逾期，所以又被開了張罰，車子修好後，一度打算賣掉。除了自信不再，身心確實有些疲累。心想：把車賣了，家人會比較安心。不然，拍攝草鴞以來的摔車黑歷史，老是車子才出門，妻子就懸著一顆心，不上不下的。

事實上，騎乘在樣區裡確實不容易。別看茅草坡一片寧靜，美洲含羞草和香澤蘭入侵得很嚴重，植被之下有很多看不見的危險，譬如被雨水沖擊後的溝渠，或與身高同等的窪陷。一般機車根本無法克服地貌的險阻，就算越野車性能佳，若

3

4

5

6

沒有純熟的駕馭技巧，危險自不在話下。總之，靠的是膽大心細，及對地形、地貌變化累積的判斷力。

> 記錄西拉雅草坡的草鶇之路，最難的不是這些危險山坡、泥濘之地或坑洞陷阱，應該是內心被各種侷限挕制，原先堅持的信念要如何能不被動搖。

也許是個人對草鶇的關注度還夠，也或許是上帝慈愛的手捧扶著我，帶領我度過多次受傷、身心疲憊的困境吧！

1. 比較輕的 250cc 越野車
2. 路程偏遠，要求效率，得靠越野車效力
3. 1990 年部落青年的 DT 車隊
4. 帶傷上場
5. 嘗試在恆春半島尋鶇
6. 叔叔有練過，危險！勿學！
7. 鶇郎的綠谷咖啡屋是觀察在地生物的好地方

7

13 器材不見了

我性子急又貪，要求工作高效率，不過，常常變成「吃緊弄破碗」。譬如為了節省往返棲地的時間，常一次性背太多器材，把自己累得半死；又如在廣闊草坡，自恃對空間相對位置記憶佳，而沿途暫放腳架，然後聰明反被聰明誤，報應總是不費力地找上我，那些被沿途置放的腳架就再也找不到了。

累了嗎？我。

你可能無法想像，一旦小東西掉落草叢，就真的有如大海摸針了。更換輕薄短小的記憶卡，一不小心失手閃落，就只能換到悔恨的追憶。電池、遙控器、燈、刀子、快拆板、行動電源……，不知道多少文明垃圾被我遺落在草原？再者，我不敢去想那些落地無聲的小物件，若是盤點對價，會是多麼可觀的成本？

有一晚，攝影背包拉鏈撐開了，越野車在山坡劇烈震盪，在我不自覺的情況下，器材抖落更多。回到家發現後，捶胸頓足，氣自己的大意。但是怎樣也改變不了事實，乾脆不要想就沒傷害。

或許連老天都捨不得我這個鴞郎，

2

不計代價的阿Q精神。突然有一天奇蹟發生了！「請問是你的攝影頭燈掉了嗎？」原來是貴森森攝影專用的頭燈，被兩位好心的年輕攝影師撿到，特地送還，我真是感激到不行。

「你一定是有任務，心裏著急」好心人還說出這麼有同理心的話，實在令我感動。我原本就有在器材上留電話號碼的習慣，後來也陸續找回一些失落的器材，同時找回人情溫暖。

但真正慘重的損失是後來發生的這一椿！

2018 年 2 月 15 日，一個定期換電池、記憶卡的工作日。我一走進草坡，就發現不妙！事態嚴重！原本生機盎然的綠色草坡，竟然因為無名火災燒成一片死灰。

完蛋了！一路自拍一路哀號，惦念這個用心良苦的三機作業，不動聲

3

色默默觀察 3 個月的草鴞棲息點。我每日在電腦前,進行記憶卡檢視、看記錄的畫面,這對草鴞安穩自在地生活、互相理毛、卿卿我我、跳草鴞舞、唱求偶歌、溫情送禮、求歡愛愛、準備生產的畫面……,在火燒遼原之後,現在全化為烏有。

意外的無情大火過後,我只能面對現實,重新出發。但內心難免心疼、難過。心疼草鴞即將成家,難過器材毀壞。但感謝上帝,還是為我重啟另一扇窗,而且精彩連連。

2019 年 11 月,攝影機再次被火吞噬了。但是當時記錄的那個草鴞家庭,幼鳥已經有飛行的能力,雖然沒有記憶體可以證實,但我相信 4 隻小鴞已經脫離火海,另尋新草地。

附帶一提,建議攝影師在珍貴的器材上,貼上連絡方式,說不定「失而復得」的運氣,也會發生在你身上。

1. 一次火,毀三組
2. 火災燒毀超多器材含電池、記憶卡、腳架及主機
3. 記憶卡不小心掉落草海,只能放棄記憶
4. 過負荷,不清楚已損毀多少供電器材
5. 螞蟻超喜歡躲進器材
6. 大雨後水災機器
7. 器材不見我的損失,繁殖中的草鴞若不見了呢?

7

草鴞的「天敵」

　　貓頭「鷹」是夜行掠食者，具獨持的視覺、聽覺，更有一對長腿利爪及倒鈎上嘴，可稱霸夜空，成鳥應該不太有可怕的夜間天敵。

　　然而俗稱猴面鷹的草鴞，日夜棲息大多選擇在地面草叢，這裡的天敵風險相對很高。

　　我在 2020 年 9 月記錄到準鴞媽短暫離巢，竟然遭遇草鴞的主獵物老鼠反擊，偷吃草鴞的蛋。根據長時

3

1. 冬季是火燒旺季
2. 左下巢內有草鴞，右上可見挖土機
3. 因開發而消失的白茅草原
4. 蛇鑽進去茅草內，偷草鴞的蛋
4. 大冠鷲吃貓頭鷹

4

的攝影記錄，孵蛋中的母鴞每晚外出 2 ～ 5 次，每回約 2 ～ 10 分鐘。草坡四處有鼠出沒，感應夜視相機常拍到「阿草」離開巢室後，鼠輩偷偷摸摸地在棲室搜尋的畫面。老鼠是草鴞主要的獵物，卻也是偷吃蛋的天敵。

　　十多年前，我親眼看過鳳頭蒼鷹偷了大冠鷲雛鳥。也曾經看過相反的情況，在某個母親節的早晨，天微亮，大冠鷲趁鳳頭媽剛出門，隨後偷走鳳頭剛出生雛鳥。

5

我也常記錄到鳳頭蒼鷹及大冠鷲，抓回領角鴞餵養自己的小孩。領角鴞如果沒有把自身隱藏好再休息，風險還蠻高的。草鴞也有可能是這些日間猛禽的獵物，所以牠們把自己隱藏得很好。

草鴞在地面有太多的危險因子。人不再寵愛的貓狗就任意放生，造成更多本土野生動物的浩劫。

1. 流浪狗在草原覓食
2. 鳳梨園的農藥
3. 禁用的獸鋏，讓野兔被截肢

特別是育雛中的草鴞，當然是敵不過餓肚子的流浪狗。在西拉雅草坡牠們彼此總是會對遇，我能為育雛中的草鴞做的保護，就是大力恐嚇驅趕那些逼近巢區的流浪狗。白鼻心、食蟹獴也是足以威脅草鴞的本土天敵。

淺山草原演化出特有的生態，其

中蛇類也占有一席之地。雖然常說打草就會驚蛇，但眼睛迷糊時，不小心還是會踩到蛇；怪不得白天的蛇鷹會喜歡來草坡蹓躂，牠們最愛吃的就是蛇。

蛇不分日夜都會出沒，大小皆有。蛇喜愛蛋。2021 年 9 月我就記錄到蛇偷了鴉媽媽的蛋，即便鴉媽只是暫時離開 5 分鐘，蛋就這樣失守了。2022 年更記錄到小蛇夜間摸哨，嘗試偷蛋，母鴉立即展開激烈攻防，母鴉將蛇高高叼起的畫面。

不過看起來，最大的天敵應該是人。

是人類不當使用滅鼠藥、是人類隨意放生貓狗、是人類架設鳥網、獸鋏而讓草鴉隨機中獎、大小通吃。是人類破壞開發草坡、是人類放火燒燎大草原、是人類諸多的噪音造成間接的干擾……。

如果不是人，你說最大的天敵還會是誰！？

10 草原火災逼近草鷦之家

1

2020 年秋天，我一樣記錄到西拉雅草原的 3 處草鷦巢。10 月 28 日發現東南東高地巢位，孵出四隻小小鷦，眼睛都尚未開啟。其中 1 顆未孵出的蛋，經過鷦媽媽多日努力，還是宣告失敗，可能是沒有受精的卵。這年，將記錄重心放在這個代號 C 的巢位。

不久後的 11 月 10 日，受邀至楠西國小與學生分享草鷦影片，我那天分享草鷦棲地困境，跟學生談<u>草原上的無名火</u>❶，對草鷦的威脅，希望藉此宣導草鷦保育意識。

不幸的是，兩天後，也就是 11 月 12 日，西拉雅草原再次火燒。上午從樣區西北方燒起，距 A 巢孵蛋位置只剩一里路，鄰近 300 多米的 B 巢則剛下蛋，大火橫掃 AB 巢區，只剩灰燼，已無法定位兩巢確切位置，心情低落，無法言語。

眼看大勢已去，這火舌持續往東南吞噬，估計今晚可能延燒到東南東 C 巢，正在育雛的阿草家。

我趕緊回家備妥裝備，告訴妻子麗君，要有通宵一起守護阿草家族的心理準備。同時也通知了相關單

2

位，看有無救援的對策。但是，心裡清楚，這種沒路徑的荒野，三更半夜應該沒有人會處理，阿草家的命運只能靠我了。

夥同麗君回到草原，在草原守望著阿草家。眼看火就要燒過來了，但是本著不能干預的觀察者倫理，只能杵在一旁，心急如焚。這時，猶如電影情節般，突然，奇蹟似地，上帝讓火苗在 C 巢的 100 多公尺外熄滅了！

在守望中，意外記錄到不思議的畫面：

鴞媽媽竟然飛離，往返好幾趟，全身濕透地走回巢位，然後緊靠小鴞，保護著牠們。

是因為大火而跑去淋濕降溫？是為了守護無法飛離逃命的孩子？

3

草鴉確切的行為動機，不得而知，不過，這個舉措激發我的揣想。為母則強，自然流露的愛被如實記錄，那個畫面延伸的想像與感動，深刻烙印在我心坎。

數日後，回想著 AB 兩巢的位址，在廣闊灰燼尋覓。我想確認牠們是葬送火窟？被媽媽順利帶走？又或許已經被老鼠和蛇吃了？

如我所料，巢房消失了，灰黑地表上的白色鳥蛋也燒成黑色炭球。

草原發生火災，看是災難，但不完全是壞事。因為白茅不怕火燒盡，正所謂浴火重生，他日又是一片綠草如茵。但同時，也燒不死對生態不利、強勢的外來植物香澤蘭。

最大的輸家便是草原繁殖中的動物，包含稀少的草鴉家族。如果火災能避開草鴉的繁殖期，有助於茅草原的更新，依舊可以是阿草及共生鄰居喜愛的西拉雅草原。

注：冬季草坡比較乾，草木生長緩慢，這種不知原因的火燒，每年冬季都會發生。有可能是人為，或許是為了整頓大面積的茂盛雜草，也

7

或是有其他目的？沒有人知道，也不曾有人承認。不知道是否因為我在網路流傳，大火影響草鴞育雛的困境議題，發生了作用，在寫作本書的前一年冬天，希罕地沒有發生草原大火。

1. 守夜護鴞
2. 冬季是火燒旺季
3. 母鴞弄濕了身體回巢
4. 器材多次毀於野火
5. 防止火災放空心磚
6. 草鴞飛離逃難，蛋活生生地被燒死
7. 火災後的景象
8. 火災約 2 個月後白茅再生

6

11 觀察者腳下的雨傘節

小時候在部落鄰居家玩耍，發現屋裡的擺設，有個玻璃容器裡竟然有「美麗」又「可怕」的雨傘節！看那禁錮在透明玻璃容器裡，蜷曲懸浮的姿態，是有幾分吸引目光的美麗，不過，在不設防的情況下，與牠對遇，那就可怕了！

孩童時期對「蛇」的恐懼彷彿是天生又莫名的。60年代就讀口埤國小，那時腳踏車還不是很普及，所以每天與鄰居同學相約步行到校，往返約5公里。有時落單又不幸遇上橫躺山路的蛇，只能驚呆在原地，久久不敢通過。再不然，就只能寄望會不會有人剛好路過，出手相救？

對蛇的恐懼一直到長大都沒有改變，直到積極投入生態攝影工作後，說服自己適應、克服野地沉潛的各種挑戰，從理解與親身經歷，慢慢袪除心裡的恐懼，乃至後來為了執行拍攝任務，必要時還要敢動手抓蛇。

其實蛇更怕人，一受到驚擾，就逃之夭夭。只是，毒蛇咬傷人的風險還是有的，不可大意。

獵人中我最敬佩的舅舅堪稱抓蛇達人，但即便是他，也曾經因為過度

1. 腳下雨傘節
2. 索羅門拍片
   遇見小蛇
3. 青竹絲
4. 樣區的錦蛇

自信、失去戒心，在一次掌中弄蛇時，不慎被雨傘節反咬，弟弟隨即以DT越野車充當救護車，將他送醫急救。雨傘節看起來溫馴美麗，雖說不主動攻擊人，要是不小心踩痛牠，很可能就被反咬，這種神經毒可是要命的毒啊！

西拉雅草坡的雨傘節數量不少，在下雨的夜晚最有機會撞見。每每雨夜走進草坡，我的身體會自動開啟「內建」的雷達偵測模式，特別小心。除了手持竹竿，頭燈也要夠亮，而長筒雨鞋是足下最必要的保命防護。

2018年秋，在紀錄的樣區踩踏到鑽進草叢的雨傘節，反射動作即刻跳開，當下一身雞皮疙瘩竄起。我應該是沒踩到牠的要害，只見牠跑得比我還快。

2021年的冬雨，曾一夜遇見3隻「節仔」，即便沒雨的夜晚，隔三差五的老是會在草原相遇。對觀察者而言，雨傘節是風險，但對這片自然山野而言，雨傘節在此蜿蜒爬行即是牠生態運轉的日常家居生活，是人冒犯侵擾了牠的家園。

西拉雅草坡的
共域鄰居

西拉雅草坡孕育多條的食物鏈，環環相扣，多樣性在地物種，
演化出更複雜穩固的食物網。人是自然環境物種之一，
扮演舉足輕重的角色，友善環境的課題，顯得格外迫切而重要。

西拉雅草坡的獵捕大師們

在西拉雅草坡上，如果說草鴞是大夜班抓鼠技師，那黑翅鳶絕對是常日班搜捕的專員。

多虧這群獵鼠技師，降低鼠量，這不單是為人類除鼠害，更是維繫淺山及平原生態平衡的食物鏈高級消費者。

這裡的草坡有許多稀有植物，禾本科的草成了大贏家，占據了大部分面積，能夠適應這種環境的物種就隨之而來。

夜鷹跟草鴞上下班時間重疊，但食性完全不同。這片草原有典型的蟲蟲鳴叫，像是白天草蟬的愛歌，夜裡多樣蟋蟀類的吉他重奏，有時誤以為草鴞跟著唱合，確實有幾分相似啊！

這裡有各式各樣的鼠輩，像是巢鼠，鬼鼠、赤背條鼠、刺鼠、小黃腹鼠等等，也有不是老鼠的錢鼠（臭鼩）。

1. 黑翅鳶抓鼠老手　　5. 草蟬
2. 金琵琶鳴叫　　　　6. 夜鷹孵蛋
3. 夜班抓鼠大師　　　7. 褐頭鷦鶯
4. 螳螂　　　　　　　8. 黃頭扇尾鶯唱歌

7

8

西拉雅草坡的躲貓貓高手們

　　野兔是草原常見惹人憐愛的動物，也是昔日人類蛋白質來源的野物。獵人通常帶獵狗，到現場圍捕，或擺放獸鋏捕獲，可愛動物成了可憐獵物。在物資充足的今天，已經無需靠狩獵為生，但還是有少數以獵捕為趣的野外玩家，將打獵視為競技的休閒娛樂。

　　我曾在草原休息喝水時，目睹食蟹獴從面前路過，也撞見白鼻心及水鹿、梅花鹿。

　　蜿蜒爬行在草坡裡的蛇更是不少，牠們善於隱藏，伺機捕食蛙類、鼠輩、小鳥、蜥蜴、昆蟲，最喜愛偷吃蛋。在這裡「打草」驚蛇也不見得多有效，或許蛇自以為隱藏功力很好，根本不怕你棒棍的警示，我就曾一不小心誤踩，瞬間双方激烈反射地彈開，各自閃如飛。

1. 野兔
2. 棕三趾鶉孵蛋
3. 蛇偷鷦鶯的蛋
4. 竹雞

5. 梅花鹿走踏草原，會驚動草鴞
6. 食蟹獴也可能是草鴞天敵
7. 穿山甲
8. 白鼻心的雜食性危及小草鴞

西拉雅草坡的空姐、空少們

　　草坡典型常見的野鳥，有俗稱布袋鳥的褐頭鷦鶯、灰頭鷦鶯、黃頭扇尾鶯、中杜鵑「刀鈍」的「3不」鳥（叫聲不不、不不、不不）。中杜鵑不築巢、不孵蛋、不育雛，以及番鵑、棕三趾鶉、環頸雉等，牠們都是西拉雅草坡住民。

　　猛禽大冠鷲、鳳頭蒼鷹經常在上空巡禮。冬季紅隼、澤鵟最愛搶「風」頭，是草原的御風好手。草坡旁邊阿伯的魚塭則是魚鷹展現衝水抓魚技的熱區。

　　動物維持生命最重要的是足夠的食物，和安全的藏身之所。鷹吃蛇，蛇吃蛙、鳥，鳥蛙吃蟲，蟲吃草。鷹吃鼠，鼠吃蛋也吃五穀雜糧，甚至連我的昂貴的線材也咬毀！

　　西拉雅草坡孕育多條的食物鏈，環環相扣，多樣性在地物種，演化出更複雜穩固的食物網。人是自然環境物種之一，扮演舉足輕重的角色，友善環境的課題，顯得格外迫切而重要。

1. 魚鷹捕魚
2. 中杜鵑找尋托卵育嬰房
3. 鳳頭蒼鷹
4. 草原歌者台灣畫眉
5. 草原低音歌手番鵑（草叩）
6. 愛吃草籽的白腰文鳥
7. 澤鵟台語稱草埔鷹
8. 隱藏草原的環頸雉

部分與草鴞共域生活的
領角鴞

西拉雅昔日種植的柚木，在地人俗稱胭脂樹，
因為嫩枝葉經過搓揉後，手指會被染成胭脂紅色而得名。
引進台灣的胭脂樹比較有機會形成樹洞，
樹洞成為大赤鼯鼠及領角鴞的客棧、樹屋、育嬰房。

領角鴞是台灣最普遍的貓頭鷹，在都會、公園、學校都有機會遇見。

西拉雅草坡週邊零星的果樹雜木林，也住著許多領角鴞，跟草鴞重疊共域生活。不過，領角鴞食性較多樣，發出噠噠的警戒聲比草鴞更明顯。入夜後，依稀聽見「貓頭ku」典型的鳴叫，間隔約10到15秒「ku」一聲。只是此區天然樹洞一洞難求，隔壁的西拉雅山柚木林卻是領角鴞的樂園，適合營巢的樹洞任君選用。

2021年4月我家附近的一棵柚木公寓二樓（比較高的樹洞），入住了大赤鼯鼠，不過隔天卻被領角鴞捷足先登二樓，大赤鼯鼠只好暫居一樓。後來意外發現柚木林有樹洞的樹，幾乎都被有心人上了鋼釘，作成釘梯。甚至我用來記錄鼯鼠的感應相機也不翼而飛。我只好在臉書分享這則令人生氣的消息，也寫了告示牌在樹洞附近，試著勸阻想要捕捉鼯鼠小孩的獵者。

捉鼯鼠的獵人似乎聞風暫停迫害，而此時領角鴞趁機在胭脂樹二樓悄悄地生了蛋。一個月後新生命孵出，

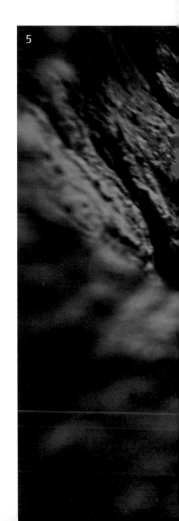

3   4

1. 柚木樹洞二樓住著領角鴞   4. 柚木大大的葉子
2. 大赤鼯鼠住一樓   5. 天然樹洞好個家
3. 柚木樹洞是貓頭鷹及飛鼠的首選

1

1. 領角鴞親鳥抓螽斯育雛
2. 領角鴞捕獵餵食
3. 公領角鴞抓蜈蚣準備交給母鴞

4. 幼雛長大後準備離巢，走出洞口
5. 第一天離巢幼雛

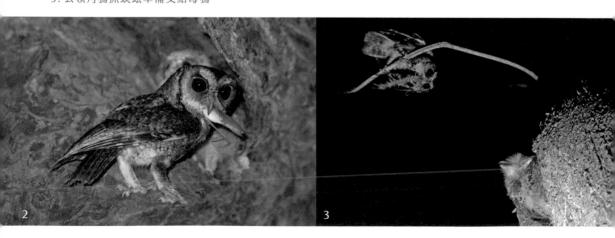

2

3

也成我燒腦的開始。要如何在 8 米高，暗無亮光又極小空間的樹洞內，拍攝記錄領角鴞育雛的生態奧秘？到底要怎樣做呢……？

經過一個月育雛的記錄觀察，母鴞初期幾乎都在樹洞巢底守護幼雛，公領角鴞則是外出找獵物，食物清單有青蛙、螽斯、蜘蛛、蜈蚣、蟑螂、蜥蜴、壁虎等。待雛鳥漸漸茁壯，母鴞才能放心加入夜間打獵行列。牠們一個晚上平均帶回 15 次的食物，來養活這 3 隻幼雛。

母的領角鴞在樹洞內感應到公鴞回家時，會發出如貓的撒嬌聲。領角鴞生氣與警戒或生氣時，也會發出「嗒嗒」的短促類舌音，與草鴞類似。雛鳥也會發出類似草鴞幼鳥的乞食喉氣音。領角鴞成鳥有時會飆高音，好似在笑，但不是真的笑，偶爾也有低沉的呼聲。

4

5

小領角鴞白天低頭好奇賞人群

14 鏡頭獵人中網事件

一如往常，以低速檔 250cc 大扭力上陡坡，穿梭在美洲含羞草、香澤蘭漫延肆虐的越野車路徑。草坡原本沒路，都是騎出來的。

眼看就快衝到至高點，接上新的柏油路，於是油門全開，加足馬力。突然間，如夢似幻的，咫尺眼前，竟然有一大片鐵絲網，以相對極快的速度向我圍堵。身體做出反射動作，立即踩死煞車，瞬間，猶如超廣角鏡頭的主觀視角，充滿刺的鐵絲網把我包裹起來，纏繞著我，我像一隻山中的動物，中網後大聲吶喊。

約莫 3 分鐘失去記憶，倒臥血泊中，以為上帝要帶我回去。

模糊的視線望著天，一度斷片，想不起身處何處？又發生了什麼事？直到看到至高點那棵熟悉的枯木，想起曾經爬上去，架設攝影機，拍攝黑翅鳶及草鴞的棲架，這時迷濛的思路，才找到出口。

然後，才意識到「我被割喉了！」接著，內心開始恐懼。又想起，剛才是否也重重地摔落？是的，一定是，不用懷疑。繼續往下想：會不會……，也許不久我會死去？

除了攝影背包被壓在身下，眼鏡、安全帽、手機都散落。而車子衝斷鐵網，倒在前方不遠處。

不確定自己傷得有多重，只能極度輕緩地移動，在確定動作之間，不會加劇傷勢之後，忍痛找回手機。當下有勇氣自拍，看見被割喉的自己，然而，卻沒勇氣打電話給親愛的太太！因為我無法報平安。

過往摔車的黑記錄，多次在深山、野地拍攝時受傷、有生命危險的經驗，都是回家才被發現，怎忍心讓她來現場直擊呢？

於是想找兒子來救命，這應該是他學習承擔責任的機會。只是連撥電話都有障礙，哪還有氣力、腦力以手機定位？就算電話通了，這人煙罕至的荒野之處，兒子從未來過，又怎能知道我身在何處，而前來救援呢？

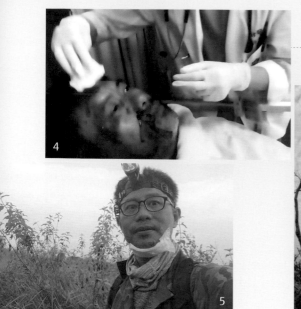

我回想：前幾天一個火燒草原的夜晚，曾帶老婆來此守望草鵂，或許她還記得這裡。現在只有她能知道我在哪裡……，我就這樣硬著頭皮打電話給老婆。

後來救護車來了，警察也來了，命保住了，但身心靈卻因為這次驚險而重創。

為了如實記錄草鵂的生命史，長期拍攝，累積對牠生態行為的認識，而奮不顧身地投入。沒有想到，一路走來，接踵而至的各樣挑戰，還有勞心

勞力卻沒有相對的收益，這讓鵂郎我一度懷疑人生：到底在執著什麼？難道是上帝的心意嗎？是從小那份潛沉心底的信仰，在牽引著我嗎？

天份和熱情是上帝給的禮物，即便有時候會自傲地認為，能在險惡環境記錄物種，是靠個人的努力或家族遺傳。然而一再省思，每個人都擁有各自的獨特性，都有上天賦予的禮物，然而生命不堪一擊，我能走過無數危險，經歷到生命的韌性，並且還沒有放棄，這無非是上帝的旨意在我身上，給我天分也給我熱情，讓我成為

真正的傻子。所以，我願意依然
在這條路，繼續當鵂郎，無怨無
悔地順服上帝給的角色。

1. 領角鵂中網
2. 鵂郎中網，默想耶穌在十架上淒慘的景象
3. 鵂郎醒來自拍
4. 2018 年為了草鵂燒腦，恍神衝向山谷，獲救急診中
5. 才被割喉，以為無大礙，傻傻地繼續拍攝
6. 上樹架攝影機，兩年後成為中網的地標
7. 偶爾帶妻子走踏難度較低的草坡

1

秋天,是西拉雅草鴞孵蛋期,也是過境鳥入境台灣的高峰期,譬如嘉義太興有名的萬鷺朝鳳過境的高峰期,大約落在每年9月中下旬。

其實台灣四處皆可欣賞黃頭鷺集體的大遷徙,包括西拉雅草坡及墾丁。20多年來,我幾乎年年隨著過境鳥往返墾丁拍攝。小型赤腹鷹(細號鷹)是數量最多的猛禽。

1. 紅尾伯勞
2. 赤腹鷹
3. 灰面鵟鷹又稱南路鷹

臺灣南境
秋天的過客

3

1

2020 年秋，台灣猛禽協會在社頂觀察到 27 萬
隻的高記錄，不過都是高飛成鷹河，頭仰著看，就
像芝麻並蚊子般大。要近距離拍攝到牠們停歇枝頭
的特寫，必須選好極佳位置，構築掩蔽，判斷天候
與光線走向，然後靜靜地專心等候。要避免快搖鏡

3

2

1. 赤腹鷹亞成鳥跟隨大軍遷徙
2. 棕沙燕集團
3. 鷺鷥大遷徙
4. 紅隼懸停搜尋獵物

頭，就算當下有蚊子叮咬，都得穩住鏡頭，因為鷹眼極敏銳，稍縱即逝。

　　此時，紅尾伯勞也紛紛入境寶島各地，站在凸出的枝頭上伺機而動，是一種非猛禽的肉食狠角色。

　　隨著東北季風逐波增強，澤鵟（草埔鷹）以及紅隼也加入行列，絕對是一等一的御風使者，在草澤上空表演懸停功夫，媲美三軸穩定器的頭頸，以鷹眼的主視角搜索獵物。

　　魚鷹Ｍ型飛姿在埤塘、湖泊、溪流上空巡航，眼睛關注水中魚兒的動態，伺機俯衝入水，雙腳伸展往前撲抓，鮮美魚肉便可得手，是與生俱來的真功夫。

　　蜂鷹是中大型過境猛禽，有在地者，也有遷徙族群。顧名思義，喜食蜂的幼蟲，即便是虎頭蜂，也無所畏懼。

　　國慶鳥灰面鵟鷹又稱南路鷹，昔日俗語「南路鷹

1. 蜂鷹
2. 魚鷹下水獵捕
3. 黑腹燕鷗群聚北門蚵架夜棲

一萬死九」，形容俗稱山後鳥的灰面鵟鷹，習慣夜棲滿洲山區，而被獵捕的嚴重性最大。今日臺灣物資不虞匱乏，保育受到重視，灰面鵟鷹這秋天的過客，每年十月十日前後來墾丁客棧過夜，一早揮軍出海南下，近年來已突破十萬隻的記錄。保育有成，顯然過度獵捕的確是物種滅絕的重要因素，所以瀕危的猴面鷹就更不容忽視了。

1

2

3

1. 灰面鵟鷹抵達墾丁
2. 少數灰面鵟鷹下溪喝水洗澡
3. 滿州黃昏的灰面鵟鷹集團

棲架

　　我們較容易看見猛禽中的「鷹」站在明顯高樹枝上，或佇立在枯枝上，甚至是立於電線桿歇腳。因為鷹停棲在密林中不動，就被自然環境所隱藏。因此，人總以為鷹或猛禽只喜歡停棲明顯的高枝頭，然而我常發現鷹會在樹林內，文風不動、伺機狩獵。

　　其實山鳥的敏銳度不賴，一有動靜，便發出防禦性警戒叫聲，可能在通報其他鳥群提高警覺，或直接對猛禽發出「妄想越域」的嗆聲驚戒，這下子就洩漏大夥的行蹤給我這個對聲音敏感的觀察者了。

　　當你有機會在樹林中聽見不同山鳥異常的警戒叫時，或許可以仔細查看，附近很可能有貓頭鷹、蛇或鷹之類的天敵。

　　大雨後的高枝、電線、電桿會有許多鳥群停棲，多半在整理羽毛。鷹派的大冠鷲、鳳頭蒼鷹也不例外，而且會張翅、曬羽、開頭冠。

　　夜間活動的貓頭鷹也會站上明顯的枝架上，暗夜成有效的天然隱蔽黑幕，聽聲辨位、伺機撲抓毫無防備的獵物。

1. 在棲架旁架設感應相機
2. 蛇鷹的棲架之電線桿
3. 魚鷹的餐桌棲架
4. 鳳頭蒼鷹也會停
5. 樹也會是棲架
6. 水泥柱是最常停的棲架

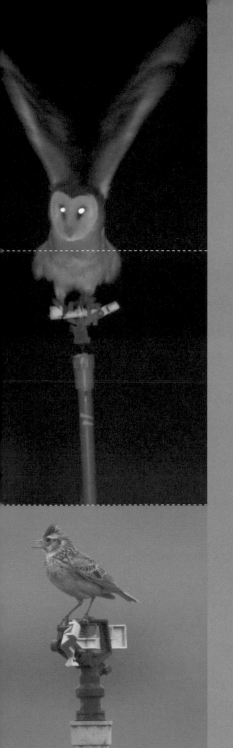

　　2017 年我利用感應相機拍攝時，好奇的阿草經常跳上攝影機頂端。才知牠有這種癖好，這也顯示我的偷拍沒讓阿草感到不安。

　　2018 年更發現牠常停棲 5 尺高的圍籬水泥柱以及高牆，週圍滿是白色便便，就是阿草遺留下的鐵證。台南某農場灑水噴霧頭，也是牠習慣停棲的點。

　　在我確認草鴞會停棲草坡上較高的點之後，我就在西拉雅草坡至高點記錄了一個月。6 公尺高的枯枝極度明顯，阿草卻一直不現身，黑翅鳶反而是最給面子的猛禽。

　　近年林務局推動草鴞生態給付方案，鼓勵農民架設棲架，讓猛禽和草鴞幫忙抓老鼠，而避免使用毒鼠藥，間接害死草鴞這類猛禽。這個作法在農田得到許多迴響，鳥的迴響、農民的迴響、社會的迴響。期盼大家一起善待環境，回歸大自然食物鏈的效應，讓猛禽不因為毒鼠藥而冤死，又可以日夜抓鼠，維繫生態秩序的平衡。

1. 灰面鵟鷹的自然棲架
2. 沙崙草鴞停棲灑水器
3. 很愛跳上攝影機上面
4. 沙崙農場的棲架

15 自動感應相機立功

回想二十幾年前,儘管一頭栽進熱衷的生態拍攝,但攝影器材功能的限制,常給我一種巧婦難為無米之炊的無奈。許多稍縱即逝、可遇不可求的珍貴生態畫面,難以補抓,常常抱憾。

對比今日的攝影科技,舉凡畫質、感度、夜視、記錄媒體、電源供應、防震功能、高格率、縮時記錄⋯⋯等功能大躍進,對攝影記錄者來說無疑是如魚得水。

特別是「感應夜視攝影機」,給像我這樣的生態攝影師莫大的幫助,即便畫質略顯不足,卻能有效偵測、記錄到夜間不為人知的動物行為。

多年前,我購得第一台紅外線感應相機,就從在地獵人的記錄觀點出發,選定結實纍纍的山棕,觀察喜食山棕果實的白鼻心。結果成功捕捉到白鼻心入鏡,以及牠狼吞虎嚥的自然畫面。而後知悉牠夜夜光臨,就再架設模擬月光的燈,利用高畫質彩色攝影機拍攝畫面。

就這樣,我分置在九層嶺西拉雅山林的自動感應相機,幫忙記錄到許許多多的物種生態。包括鳳頭、

大冠鷲，領角鴞等各種鳥，泰若自然地洗澡、飲水；食蟹獴成群結隊來回溪溝，尋尋覓覓的可愛畫面；鼴鼠探頭、穿山甲路過、鼬獾覓食、野兔食草……等等。

後來記錄的場域擴展至台灣深山林內。水鹿、山羌、黃喉貂、長鬃山羊、野豬、台灣獼猴、帝雉、藍腹鷴……，都曾經被我的攝影機捕獲過。

2017 年起，我開始借重「夜視感應攝影機」，記錄草鴞的生態行為。雖說它是科技利器，但不是沒有挑戰和困難，隨著我對它駕馭的經驗成熟，它真的立下不少功勞。

感應攝影機再升級，指日可待，相信未來會繼續成為自然觀察者、野地攝影師極好的幫手，能更進一步地揭曉野生動物的奧祕，並對自然保育促供有效策略。

1. 盡可能降低干擾的現地偽裝
2. 拔遠處茅草，維持棲息環境原貌
3. 防止火燒特別加製防火牆
4. 檢查感應相機新的收穫
5. 2017 年畜牧場樣區工人，沒偷走攝影器材而放回原地

來看看自動感應相機記錄到什麼

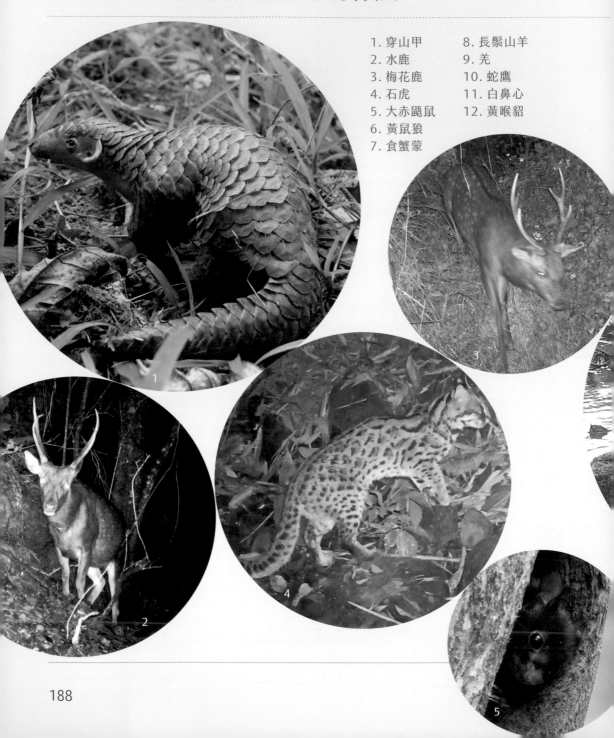

1. 穿山甲
2. 水鹿
3. 梅花鹿
4. 石虎
5. 大赤鼯鼠
6. 黃鼠狼
7. 食蟹蒙
8. 長鬃山羊
9. 羌
10. 蛇鷹
11. 白鼻心
12. 黃喉貂

自動感應相機立功 189

草鴞
保育對策

自 2017 年拍攝觀察以來，
到本書出版前，
我累積的草鴞保育看法。

1. 鳥網放著不管是路過飛鳥最大危機
2. 農田的滅鼠毒藥

01 草鴞的獵物老鼠無毒安全

農田野地滅鼠藥的管制或停用，可避免草鴞及其他動物誤食中毒，間接影響食物鏈中的物種。草鴞熱區也許可升級保護區，限制鳥網、用藥和任何方式的捕獵。

02 降低草鴞誤觸鳥網的困境

機場鳥擊的空安問題，或農業上的鳥害防治，架設鳥網也許成了不得不的作法。若能加強巡查，快速、平安卸下中網的無辜鳥類，至少是一種積極舉措。佈鳥網要慎用、少用，或尋求可代替方式。

03 加強草鴞棲地熱區的保育

可配合在地保育人士成立巡守隊，執行在地草鴞生態環境教育及宣導，以及草鴞熱區巡邏。

西拉雅草坡週邊大多是鳳梨田，政府如有效協助鳳梨農為無毒農作，並給予標章行銷及基本補助，不但可維護土地環境及共生的多樣物種，消費者也可安心享用無毒農產。

2020 年我就有這個期盼——期盼生產、生態、生活三贏的局面。但是，事實上不容易，沒用藥的施作，通常品質產量都不好，農民也不太想嘗試，這樣的價值觀需要有共識，從中互相學習。

04 防止流浪貓、狗進入棲地

大力宣導並杜絕寵物放生，因為不只危及草鴞，連帶的是區域的野生本土物種，以及人類的生活環境。

3

4

1. 草原中發現的屍體　　　4. 認識草鴞的在地講座
2. 不友善土地的用藥　　　5. 夏組長及相關單位的野放
3. 友善環境也是善待人類

05 呼籲防止繁殖育雛期間的火災行為

　　每年 9 月至隔年 3 月，草鴞努力繁衍傳宗後代，
這期間若遇上火燒家園，真是會燒毀蛋、燒死幼
雛，也會壓迫性減縮棲地。

06 移除外來植被

　　西拉雅草坡最重要的是擁有大面積的白茅草。然而現況是被
美洲含羞草、香澤蘭入侵，吞噬草坡，白茅節節敗退。這等同
毀了草鴞至愛茅草家園。勸告國人不隨意引進外來植物任其在
野外氾濫，如果有辦法移除，以便還原茅草地的原貌。

1

1. 消防人員發現火中逃難的兔子
2. 草原上的無名火災，把稀少珍貴的草鴞所下
   的蛋，燒死了

3. 第三次被火吞噬的攝影器材
4. 強勢入侵植物——香澤蘭

畫草鴞活動，
也是一種保育的推廣好方法

16 碾壓過巢區的越野車

1

依據《野生動物保育法》臺灣保育物種列表,「草鴞」屬於數量稀少的「瀕稀物種」,隱蔽在草叢中生活,不易見到。從 2017 年秋天開始記錄草鴞,至今草鴞仍是我心之所向,持續追蹤記錄的夢幻物種。

儘管草鴞的族群數量少,但據這些年來,我在西拉雅草坡觀察,發現這裡似乎是草鴞族群生活的天堂,是草鴞自然營巢的熱點。

然而,這片遼闊、高低起伏的草坡,也是越野車玩家挑戰技能、征服環境的天然極限運動場。玩家的焦點通常是關注車子的越野性能和駕駛技術的樂趣。他們當中沒人知道這片草坡珍藏著稀有的粉口蘭、草鴞及其他稀有物種。

2018 年開始架設感應攝影機,並鎖定幾個棲息點作長期記錄,就目睹四輪驅動的越野車劃破盈綠茅草原,然後越野機車尾隨壓倒的痕跡,碾出幾條既成的路線。雖然這些越野車在記錄巢區的週邊,尚未造成直接干擾,但從感應裝置讀取的畫面顯示,草鴞聽見車子引擎聲,會

抬頭環顧，直到聲音遠離才鬆懈休息。

　　有句台語歇後語說：「槍子打著肚臍孔—注死」意謂事情過於巧合造成的不幸。2021年底育雛中的一個巢區，越野車剛剛好從旁邊壓過，差一點點就命中。幸好老天眷顧，有驚險躲過，沒鑄下「注死」憾事！

　　每每在拍攝過程中，看見這些逼近的危險，實在不放心。心想，理直氣壯去喝斥阻擋，可能招來的反效果，所以我就先從那些可溝通的車友，說之以理，動之以情，籲請越野車友小心再小心，盡量不要再多開奔馳的路線。

1. 白茅草原被吉普車輾過痕跡
2. 越野車接近巢區，母鴞提高警覺
3. 不知情的越野者，無意中害了生態

17 喜歡與尊重

許多人喜愛貓、狗，也有人喜歡稀有珍貴、歌聲婉轉悅耳的鳥，或是，艷麗花卉，和令人垂涎欲滴的果實。總之，不少人偏愛奇特、引人矚目的各種動植物。

感性驅動下，一時衝動的選擇，若少了理性，肩負照養責任的續航力，可能會翻臉跟翻書一樣快，從喜歡變成不愛。那些曾經被人類捧在懷裡的寵物，或悉心栽培的植物，一旦隨著時間沖淡愛意，沒空閒就省略了照養的責任，棄養的情況就層出不窮，最終變成在地自然生態的威脅、隱憂。

人類的「喜歡」若少了「尊重」，就無法同理其他的生命。對長得很可愛的寵物，人類會從很愛變成不愛，然後對牠們就不尊重了。更別說，長得醜、恐怖、無益於人、會危害人的物種，人類可能下一步就會迫害牠們。

造物者創造萬物，生養眾多，各有特色，各有生存本能。萬物的演化就是找到適合自己的環境，在那邊討生活。大自然的生態何其奧妙、複雜，且相互影響。也許我無法勉

2

強自己喜愛那不喜歡的，但尊重各樣的生命是我該學習的課題。

2021 年 5 月，我家來了不速之客，一隻流連徘徊的孕貓，沒多久在我家倉庫，就生了一窩小貓。妻子基於無可推責的愛心，也不忍放生山林，因此 1 大 4 小全數收留，並且帶去結紮，花很多精神，但是我還是不想養寵物。

經過一年的觀察，即便我們撥出預算，買飼料罐頭給餐，貓群仍運用本能撲獵、把玩那些趨光上門的多樣昆蟲。隨著獵捕能力增強，戰利品真是超乎想像：舉凡老鼠、松鼠、各種蜥蜴、壁虎、小蛇、五色鳥……。就連附近沒水域的環境，牠們也能捕獲翠鳥！為了翠鳥，我及時出手援救。所以，養在家屋門

3

庭前，還定時餵食的家貓，都有這種程度的獵補本能，那遊走在外的流浪貓、狗對淺山動物的危害，想像起來，應該還滿大的。

在西拉雅草坡記錄的過程中，偶會撞見流浪貓、狗出沒，牠們勢必也要在草原捕獵，討生活。雖然目前尚未目睹牠們與貓頭鷹對峙的畫面，但危及草鷦的風險還是存在的。

奉勸有養貓、狗寵物的朋友，養了就要不離不棄，千萬不要棄養在山林，造成惡性循環的悲劇！

1. 蛇鷹車禍
2. 草鷦安穩隱藏草原一角
3. 柚木被釘上釘梯，獵人上樹洞抓鼯鼠幼體
4. 家貓捕獲野鳥
5. 家貓玩翠鳥，翠鳥假死趁機逃離
6. 安置並為流浪貓結紮
7. 西拉雅草坡夕陽
8. 南方四島拍片

後記

直到本書最後校稿期,有關草鴞的密祕不斷地湧現。

2022 年發現的 7 個草鴞家族,有未知原因死傷的小小鴞,其中有一隻破殼出生兩天夭折,母親以嘴吞噬,回收屍體的情節。

9 月是西拉雅草鴞主要生蛋期,但是個體會有差異,不久前發現 12 月也有草鴞生蛋。

草鴞親鳥一夜獵回老鼠的次數雖多,但出書前,記錄到有一巢的親鳥特別勤奮,達 15 次之多,破了我的觀察記錄。

我清楚,人無法全然明白造物者創造的奧祕,也無法百分百了解草鴞的生態行為。本書出版後,草鴞會繼續向我,或其他的研究者,揭露更多牠們自己。不論本書記錄了多少,還有

多少不足，希望本書傳達我們應學習與各種生物共同生存、尊重生命，改善人與萬物一起生活的環境。

這冒險的旅程，謝謝家人的支持，特別是妻子麗君，總是讓她心驚膽跳。還有鴞郎旅程中的許多貴人：劉慶輝、詹雪玉、張芳玲、黃光瀛、李偉傑、楊守義、郭古馳……，還有許多親朋好友。

正當西拉雅正名成功時，也是台灣草鴞的西拉雅名字"Aturaturaw"正名契機。

Mangal ta Aturaturaw！珍愛草鴞！

Mangal ta Siraya! 寶貝西拉雅！

世上每個物種、族群各有獨特之處，等著你我欣賞、尊重。

你是特別的──
臺灣草鴞與西拉雅鴞郎的旅程

作　　者　萬俊明

總 編 輯　張芳玲
主責編輯　張芳玲
編輯主任　張焙宜
美術設計　許志忠
活動與宣傳　張舜雯、鄧鈺澐

太雅出版社
TEL：(02)2368-7911　FAX：(02)2368-1531
E-mail：taiya@morningstar.com.tw
太雅網址：http://taiya.morningstar.com.tw
購書網址：http://www.morningstar.com.tw
讀者專線：(02)2367-2044、(02)2367-2047

出 版 者　太雅出版有限公司
　　　　　106 台北市大安區辛亥路一段 30 號 9 樓
　　　　　行政院新聞局局版台業字第五〇〇四號

讀者服務專線　TEL：(02)23672044 / (04)23595819 #230
讀者傳真專線　FAX：(02)23635741 / (04)23595493
讀者專用信箱　service@morningstar.com.tw
網路書店　　　http://www.morningstar.com.tw
郵政劃撥　　　15060393（知己圖書股份有限公司）

法律顧問　陳思成律師
印　　刷　上好印刷股份有限公司　TEL：(04)2315-0280
裝　　訂　大和精緻製訂股份有限公司　TEL：(04)2311-0221

初　　版　西元 2023 年 2 月 10 日
定　　價　430 元
（本書如有破損或缺頁，退換書請寄至：台中市西屯區工業 30 路 1 號 太雅出版倉儲部收）

ISBN 978-986-336-438-2
Published by TAIYA Publishing Co.,Ltd.
Printed in Taiwan

國家圖書館出版品預行編目 (CIP) 資料

你是特別的：臺灣草鴞與西拉雅鴞郎的旅程
／萬俊明作 . -- 初版 . -- 臺北市：太雅出版有
限公司 , 2023.02
　　面；　公分 . --（轉化；4）
ISBN 978-986-336-438-2（平裝）

1.CST: 鴞形目 2.CST: 生態旅遊 3.CST: 臺灣

388.892　　　　　　　　　　111019865

填線上回函

你是特別的─
臺灣草鴞與西拉雅鴞郎
的旅程

https://reurl.cc/x1r6re